Meandering in
Chemistry World

化学世界
漫步

王云生 编著

U0313510

化学工业出版社

·北京·

本书从科普的角度，选择自然、社会、科技发展成就中与化学有关的热点问题，分 18 个专题，分别详细介绍了元素起源理论模型，元素发现和应用，物质分子的热运动，有机物分子组成、结构波谱分析方法，元素化合物与人类关系的研究新发现和新进展，光合作用，植物世界化学信息的传输和利用，营养物质的摄取和利用，酒的饮用和工业酒精的生产利用，食品添加剂滥用、乱用问题，增塑剂与塑料制品的安全使用，白色污染、温室效应及其治理等内容。

本书面向具有普通高中化学课程知识的读者，特别适合于大、中学学生课外阅读，也是中学化学教师和师范院校化学教育专业学生用于专业研修的参考书。

图书在版编目（CIP）数据

化学世界漫步/王云生编著．—北京：化学工业出版社，2016.3（2024.1重印）
ISBN 978-7-122-29032-8

Ⅰ．①化…　Ⅱ．①王…　Ⅲ．①化学-普及读物　Ⅳ．①O6-49

中国版本图书馆 CIP 数据核字（2017）第 027009 号

责任编辑：刘　军　冉海滢
责任校对：宋　玮　　　　　　　　　装帧设计：关　飞

出版发行：化学工业出版社（北京市东城区青年湖南街 13 号　邮政编码 100011）
印　　装：涿州市般润文化传播有限公司
710mm×1000mm　1/16　印张 12¾　字数 210 千字　2024 年 1 月北京第 1 版第 7 次印刷

购书咨询：010-64518888　　　　　　　售后服务：010-64518899
网　　址：http://www.cip.com.cn
凡购买本书，如有缺损质量问题，本社销售中心负责调换。

定　　价：29.80 元

社会的进步、科学技术的发展，使人们的生活和科学技术的联系日益紧密。作为21世纪的中心科学的化学科学，已经渗透到日常生产和生活的方方面面，人们的衣食住行无不涉及种种化学问题。帮助读者运用化学基础知识、基本观念、基本方法正确认识自然、生产、生活中的化学问题，是普及化学科学知识的重要任务。

生活在当代社会，人们在实际生产、生活中要接触、使用多种多样的自然界原已存在的物质和人工制造的化学品；要面对纷繁复杂的化学现象；也会听到、读到各种各样甚至是互相矛盾的有关化学现象的信息。化学科学的普及（包括中学的化学教育）应该帮助现代公民学会运用化学基本观念、基本方法，联系相关学科的知识来分析、思考、看待和处理与化学有关的生产、生活问题，辨别真伪、是非，提高科学素养。

基于这一点，在多年的中学化学教学和教学研究工作中，在与同行的业务研修活动中，笔者陆陆续续搜集了自然界、社会生产、生活和科技发展中的一些现实化学问题，尝试运用最基础的化学知识、技能和方法，联系相关的生物、物理等学科知识，从化学视角做分析、思考。囿于笔者本身的专业水平，思考、分析十分粗浅，甚至可能有错误，但是在学习和思考过程中得到了许多教益，获得了不少启迪和感悟，和青少年学生、教师同行一起体会到了化学世界的奥妙，领略了化学世界的魅力，由衷地赞赏化学科学的价值。同时，也更深刻地理解了化学科学的观念、思想、方法，认识到化学科学是在探索、认识物质世界的过程中发展，在探索合理利用物质资源、保护生态环境的过程中获得无限的生命力和创造力。

在化学工业出版社的支持和指导下，笔者有了把累积的部分学习笔记和资料整理、结集出版的机会。书稿的整理、编写从科学普及、提高公民科学素养的目标出发， 力图能突破化学科普书籍偏重于对化学应用做常识性介绍的模式， 注意吸取优秀科普作家和中学化学教师结合化学课程对未来公民进行化学教育的宝贵经验， 注重引领读者在鲜活的生活和社会热点问题情景中， 运用化学基本观点和方法， 从化学科学的视角认识自然和社会中的化学现象， 从而了解化学科学的研究内容和方向， 增进对化学科学的理解和兴趣， 认识化学科学的本质和价值。

笔者在资料的收集、 整理过程中， 阅读、 学习和引用了许多国内外专家学者的研究成果和文献资料， 在书稿编写过程中， 出版社编辑给予了热情支持和悉心指导。 在此， 向有关的专家、 学者和编辑表示深深的敬意和由衷的感谢！

由于笔者专业水平和学识有限， 书中一定存在某些问题和不当之处。希望读者、 专家不吝指教， 给予批评、 指正。 谢谢！

王云生

2017 年 2 月

目录 >>> CONTENTS

化学元素的诞生

人们已经发现和创造的物质多达数千万种。这些物质从哪里来，是由什么构成的？是怎么构成的？这个问题，人们已经探索了数千年。化学家通过许多研究和实验事实，给出了一个非常简洁的答案：世间万物都是由一百多种化学元素（或称为元素）构成的。可是，什么是元素？元素又是从哪里来的？元素有多少种？科学家是怎样发现它们的？有生命的物质（包括人）和无生命的物质截然不同，难道它们都是由元素构成的吗？

这些问题，你知道多少？

1.1　地球上的物质都是由化学元素组成的

元素，即体现某种事物本质特征的最基本组成部分。例如，在现代数学集合论中，组成集合的每个对象被称为组成该集合的元素。远古时代探索物质构成的哲学家把元素看作是抽象的原始精神的一种表现形式，或是物质所具有的基本性质。例如五行说把金、木、水、火、土看成物质之源。而现代化学家认为构成物质的最基本的成分是元素（化学元素）。在讨论化学问题的特定语境下，元素都指化学元素。

现在人们已经发现了 118 种化学元素，除几种人造元素外，它们构成了地球上千千万万种的物质，包括有生命的物质。

人们用特定的元素符号，把已经发现的所有化学元素按各种元素间的内在关系（元素性质随原子的核电荷数的递增呈周期性变化）排列在一张元素周期表（图 1-1）中。

1	1 H																	2 He
2	3 Li	4 Be											5 B	6 C	7 N	8 O	9 F	10 Ne
3	11 Na	12 Mg											13 Al	14 Si	15 P	16 S	17 Cl	18 Ar
4	19 K	20 Ca	21 Sc	22 Ti	23 V	24 Cr	25 Mn	26 Fe	27 Co	28 Ni	29 Cu	30 Zn	31 Ga	32 Ge	33 As	34 Se	35 Br	36 Kr
5	37 Rb	38 Sr	39 Y	40 Zr	41 Nb	42 Mo	43 Tc	44 Ru	45 Rh	46 Pd	47 Ag	48 Cd	49 In	50 Sn	51 Sb	52 Te	53 I	54 Xe
6	55 Cs	56 Ba	71 Lu	72 Hf	73 Ta	74 W	75 Re	76 Os	77 Ir	78 Pt	79 Au	80 Hg	81 Tl	82 Pb	83 Bi	84 Po	85 At	86 Rn
7	87 Fr	88 Ra	103 Lr	104 Rf	105 Db	106 Sg	107 Bh	108 Hs	109 Mt	110 Ds	111 Rg	112 Cn	113 Nh	114 Fl	115 Mc	116 Lv	117 Ts	118 Og

57 La	58 Ce	59 Pr	60 Nd	61 Pm	62 Sm	63 Eu	64 Gd	65 Tb	66 Dy	67 Ho	68 Er	69 Tm	70 Yb
89 Ac	90 Th	91 Pa	92 U	93 Np	94 Pu	95 Am	96 Cm	97 Bk	98 Cf	99 Es	100 Fm	101 Md	102 No

图 1-1　周期表中的 118 种元素

2015 年底，国际纯粹与应用化学联合会（IUPAC）正式宣布，确认了 113、115、117 和 118 号 4 种新元素的发现，这意味着元素周期表上七个周期均已被填满。元素周期表中从氢（H）到铁（Fe）的前 26 种元素，都是在恒星内部核聚变过程形成的，而从 27 号元素钴起自然存在的元素都是由于红巨星、超新星爆炸形成的。周期表中有 9 种元素和新发现的 4 种新元素一样，是科学家在实验室人工合成的。人工合成元素是一项艰巨的工作，科学家可能需要十余年的实验、检测，只能得到一刹那成功的喜悦，因为有的人工合成元素只能存在很短的时间。4 种新元素的发现为科学家在未来合成更重且（或许）有实用价值的元素提供了可能。量子理论推测，制造出特别重——拥有超过 120 个质子，同时还很稳定（不易衰变）的元素是可能的。

1.2　上帝不是造物主，元素才是万物之源

许多研究成果说明，化学元素不仅存在于地球，构成了地球万物，化学元素也广泛存在宇宙空间，存在于所有星云、行星和恒星之中。

美国国家航空航天局 2001 年 6 月 30 日发射的 WMAP 科学卫星（"威尔金森微波各向异性探测器"），于三个月后到达距地球 150 万千米的预定轨道。WMAP 采用全天扫描方式，要六个月才能完成一次完整的全天扫描。WMAP 全天扫描的最新结果显示，宇宙的组成中，由原子构成的物质只占了约 4%。此外，不明的黑暗物质（不与光产生交互作用但有质量的物质）约占 22%，剩下的 74% 是更奇怪的所谓的黑暗能量（也就是在极大尺度下抵抗重力造成宇宙膨胀加速的能量）（图 1-2）。宇宙中那些只占 4% 的由原子构成的物质就是由 110 多种不同的化学元素构成的。110 多种不同的化学元素，具有各不相同的物理、化学性质，构成了我们这个多姿多彩充满生命力的世界。这些化学元素是从哪里来的？它们是长久以来一直存在于宇宙之中还是逐渐地被"上帝"制造出来的呢？

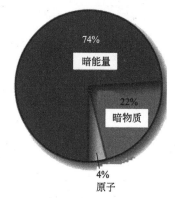

图 1-2　宇宙中的物质

许许多多科学家，通过长期的天体观察，收集、分析了各种天文历史资料和现代航天科学发现的信息，进行了各种模拟实验和思想实验，经历了艰苦卓绝的探索，在元素宇宙丰度的测定、现代核结构理论和宇宙起源理论的基础上形成并逐步地完善了元素起源理论。科学家们的这些研究，证实元素孕育于宇宙空间。元素的形成是和宇宙起源、恒星的形成及其复杂的演变紧密联系在一起的。

1.3　宇宙起源于宇宙大爆炸

目前科学家一般都认同宇宙起源于大约在 137 亿年前发生的宇宙大爆炸（简称大爆炸）。宇宙大爆炸理论是比利时数学家勒梅特在 1927 年首次提出的关于宇宙起源的理论模型（图 1-3）。1929 年天文学家埃德温·哈勃又发现了宇宙持续膨胀的现象。宇宙起源理论描述了宇宙诞生初始条件及其后续演化的过程，近百年以来，得到不断发展和完善。

宇宙大爆炸理论认为最初宇宙中的物质集中在温度极高、密度很大而体积又极小的原始火球（"宇宙蛋"）里。大约 137 亿年前，发生了大爆炸，"宇宙蛋"分裂成无数碎片，不断地膨胀与繁衍，辐射温度和物质密度不断降低，形成了今天的宇宙（这个膨胀过程今天仍在继续）。今天的宇宙中，

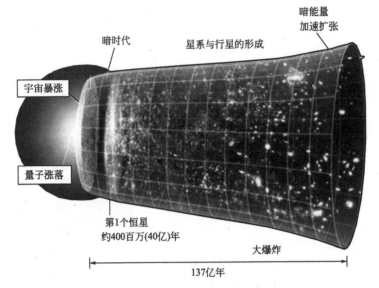

图 1-3　宇宙大爆炸理论模型示意图

存在着气体云、恒星、星系。星际空间冷而空旷，温度只有 3～38K，密度非常之小，每立方米才有 1 个原子。星际空间中存在的物质，99％是氢气、氦气、氧气和氮气，1％是直径小于 1 微米的尘埃。

科学家将宇宙大爆炸理论和元素起源联系起来，提出了元素的形成理论。宇宙大爆炸合成了位于元素周期表的前两种元素——氢和氦，在随后的星际演化过程中，通过热核聚变反应和中子俘获核反应等作用，合成了氢、氦之后直到原子序数为 92 的铀的所有重元素。一切的物质、能量、时间都由此产生。

热核聚变反应又称核融合、融合反应或聚变反应。核融合指质量小的原子核（主要是氘或氚），在超高温和高压下，互相碰撞，发生原子核的聚合作用，生成新的质量更重的原子核（如氦），并释放出巨大的能量。例如，太阳内部连续进行着氢聚变成氦的过程，4 个 ^{1}H 核聚合成 ^{4}He，有 3％的质量亏损，转化为能量释放出来，产生光和热。

1.4　元素产生于宇宙大爆炸和恒星演化过程

依据宇宙大爆炸理论模型和恒星演变过程的思想实验、对太空的观察和数据测定，可以认为元素是在一定温度条件下，由基本粒子的相互作用而引

发的一系列核反应的产物。

科学家认为这些基本粒子有 12 种，分夸克和轻子两类，每一类各有 6 种。每一种粒子都有一个与之相对的反粒子。例如，与电子相对的是反电子，反电子是带正电的电子，其质量与电子完全相同，只是携带的电荷正好相反。

在大爆炸的那一瞬间宇宙中只有强烈的辐射能量（辐射能量即辐射能，通常指电磁波以辐射形式发射、转移或接收的能量），而没有任何物质。在大爆炸之后，宇宙发生的变化、恒星的形成与演化十分复杂，不同的核素合成过程发生在不同的区域和不同的时期。氢核、氦核、微量重氢核和锂这几种元素（被称为宇宙核素）的合成发生于高温、致密的早期宇宙中；锂、铍和硼这几种轻元素生成于星际介质中；其他核素的合成过程发生于恒星的演化过程中。

1.4.1 宇宙核素（氢核、氦核、微量重氢核和锂）的合成

这一过程大致经过如下阶段：

（1）宇宙起源 约 137 亿年前一个原始火球发生大爆炸，产生强烈的辐射能量，形成宇宙，宇宙不断膨胀。

（2）构成原子的基本粒子的出现 大爆炸后约 0.0001 秒，温度降至 10^{12} K，宇宙中的质子与中子脱离与辐射线的平衡而成型。大约在大爆炸之后 4 秒左右，温度降至 10^{10} K，此时宇宙中的电子也脱离与辐射线的平衡而成型。宇宙中充斥着高速运动的质子、中子与电子以及能量非常高的辐射线。

（3）发生核反应，形成氦原子核 宇宙形成 3 分钟后，温度降至低于 10^9 K，质子与中子相互碰撞发生衰变或相互结合，发生一连串核反应，形成 ^{1}H、D、^{3}He、^{4}He 和少量 ^{7}Li。

（4）核反应停止，宇宙处于混沌状态 宇宙持续膨胀、冷却约 30 分钟后，温度降到约为 10^8 K，核反应停止。强大的辐射线使电子无法停留在固定的原子核上，物质主要以单原子离子状态存在。自由运动的电子很容易散射光线，宇宙处于名副其实的混沌状态。光子无法自由穿过辐射场，与物质间不断地进行能量交换。此时，宇宙含 75%（质量分数）的质子 ^{1}H，25% 的大量电子、氦原子核 ^{3}He、^{4}He 以及非常微量的重氢 D 及锂原子核 ^{7}Li。

（5）新的宇宙结构开始形成 当宇宙温度降至 10^5 K 以下，电子与原子核结合形成中性原子，辐射场与物质间的作用大幅降低，重力作用增强。

氢和氦成为宇宙中的主要元素。

1.4.2 恒星核素（元素周期表中硼之后的元素）的合成

这一过程十分复杂，可以分如下几个阶段作简要说明：

（1）**星系及恒星形成** 宇宙诞生后数亿年，在星际空间缓慢演化过程中，某些局部空间形成了星际尘埃（"星云"或者"星际云"）这一密度相对较高的区域。随着进一步演化，其内部的热运动压力不能再抵御自身的引力，太空中的星际尘埃发生引力塌缩，当压力增高到足以和自身收缩的引力抗衡时，诞生了恒星。刚形成的恒星，主要成分是氢，密度极小，但体积和质量巨大。密度足够大的星云在自身引力作用下，不断收缩、温度不断升高。当温度达到 10^8 K 时，其内部发生热核聚变反应，氢原子核结合成氦原子核，并释放出大量的能量。在整个寿命 90% 的时间里，恒星相对稳定，向外膨胀和向内收缩的两种力大致平衡，并且以几乎不变的恒定光度发光发热，照亮周围的宇宙空间，同时其内部持续发生着氢聚变为氦的反应。

（2）**恒星内部发生氢燃烧，碳、氧和硅燃烧以及 e 过程等核融合反应，形成比硼重比铁轻的化学元素** 氢燃烧过程是指恒星核心的氢原子核能融合成氦原子核。氦燃烧过程是指恒星核心的 H 耗尽之后，He 核直接聚合为稳定的 C 核，生成的 C 核可与 He 核反应生成 O 原子核。在质量较大、中心温度和密度较高的恒星内部，还发生 C、N、O 循环反应——大部分的 C、N、O 核素转变为 ^{15}N。碳、氧和硅的燃烧过程包括：C 聚变为 Ne、Na 和 Mg；O 聚变为 Si、P 和 S；Si 发生光分裂产生的粒子与 Si 再反应生成更重的核素。e 过程是指质量、密度、温度很高的恒星中，高能光子和恒星前期合成的核素发生大量碰撞，导致核碎裂，生成的碎片又很快和其他粒子结合；最终在核的瓦解和形成之间形成平衡，生成最稳定的 V、Cr、Mn、Fe、Co、Ni 等元素。

质量大小不同的恒星其核心所能达到的温度、发生的核融合反应不同。其温度可达到一千万摄氏度或两千万摄氏度，甚至一亿摄氏度以上。恒星内部核融合的原料——氢原子核用尽的时候，质量大的星体，外层还含有未经融合的氢原子，在引力收缩的过程中外层也能达到发生氢融合反应的温度。像太阳这种大小的恒星，在核心的氦用尽后将受重力的压迫变成白矮星而逐渐冷却。若星球的核心在氦即将燃烧完前仍有 3 倍以上的太阳质量，核心可以进一步压缩后达到 6 亿摄氏度以上的高温。此时，C 将融合成 Ne、Si、

Mg 等原子核。核心的外层，氦的融合反应开始进行，在更外层依然有氢的融合反应。质量很大的星球内阶段性的层状核融合反应在持续地进行，形成了绝大多数比硼重比铁轻的化学元素。

在恒星演化过程，恒星内部形成的各种元素的原子核，会不断经星球表面散布到宇宙的各个角落。

（3）大部分比铁重的元素形成于"超新星爆炸"阶段　随着核融合持续时间的延长，放出总热量减小，恒星将步入"老年期"。核融合过程中，氢燃烧消耗极快，中心形成的氦核不断增大，随着时间的推移，氦核周围的氢越来越少。当核融合产生的能量不足时，平衡被打破。恒星在引力作用下收缩，氢的燃烧则向氦核周围的一个壳层里推进。接着恒星内核收缩、外壳膨胀——燃烧壳层内部的氦核向内收缩并变热，而恒星外壳则向外膨胀并不断变冷，整颗恒星在迅速膨胀中变为红巨星。这个过程可持续数十万年，恒星的体积可膨胀十亿倍之多。恒星的外表面离中心越来越远，质量变得易于抛失；温度越来越低，发出的光也就越来越偏红。

红巨星阶段后，恒星进入了"晚年期"，变得不稳定，会突然猛烈爆发，成为"新星"、"超新星"。超新星爆炸，产生了新的核融合反应，形成大部分比铁重的元素，释放出巨大能量，并发出极强亮度的光（光度可能增加几千万倍，甚至万万倍）。随着超新星的爆炸，生成的元素有一大部分散布到宇宙中。爆发后，超新星只留下一个高密度的天体残骸。它不再是一颗恒星了，留下的天体也许是白矮星，也许是中子星，甚至可能是黑洞。超新星的爆发还可能会引发附近星云中诞生无数颗的恒星。

形成比铁重的元素的新核融合反应，通常包含 s 过程、r 过程和 p 过程。s 过程在恒星演化的红巨星阶段发生，以 Fe 为起始物质，通过逐级慢中子俘获反应，生成质量数直至 209 的核素。r 过程在超新星爆炸时发生，以 Fe 为起始物质，通过连续快中子俘获反应生成富中子的核素。质量数大于 209 的全部核素都是由 r 过程合成的。（一些恒星内部也会持续进行中子捕获与 β 衰变，产生一些如 Tc、Bi、Pb 等的重元素）p 过程是超新星在某种条件下，以 s 过程和 r 过程形成的核素为起始物质，通过核反应，生成新的富质子的核素。

（4）黑洞、白矮星形成　超新星爆炸后的中子核心的质量若小于约 3 倍的太阳质量，核心将成为一个稳定的中子星；若其质量大于 3 倍的太阳质量，核心无法抵抗重力的压缩将进一步塌陷，最终形成一个黑洞或成为白矮星（在双星系统中）。白矮星可以逐渐吸收系统中另一老化膨胀的恒星中的

物质，当质量累积到约 1.4 倍的太阳质量时，达到临界质量，又会发生大规模核融合反应，星球炸毁，产生大量的铁原子核散布到宇宙中。

恒星是由弥漫在宇宙中的星际介质凝聚而成，在其生命的后期又通过爆炸把核素合成产物抛向星际空间，返回星际介质，从星际介质中又会有新的恒星诞生。今天地球上的许多元素就来自那些早已消失的恒星。除了大爆炸产生的基本元素之外，太阳系乃至于我们地球上的生命都是由过去恒星演化过程中及超新星爆炸后产生的灰烬所建构起来的。

1.4.3 锂、铍、硼核素的产生

恒星内的核过程不能生成 Li、Be 和 B 元素。这些核素是由银河宇宙线的高能粒子与星际物质（主要为 C、N 和 O）的相互作用生成。这是一个高能吸热核反应，被称为核散裂反应。银河宇宙线中的低能粒子与星际物质的核反应可以生成 Li。在宇宙大爆炸中，在新星和超新星爆炸时，以及红巨星中的核过程也可生成一部分 Li。

以上描述了宇宙中各种元素生成的一个大略的过程，至于详细的历程仍有不少争论以及值得探讨的地方。例如，不久前有科学家提出金元素的形成可能与非常罕见的中子星相撞有关。

到目前为止，有三个主要的观测证据和大爆炸理论是吻合的：宇宙的膨胀进程还在继续；宇宙现存的轻元素（H、He、Li）丰度与大爆炸理论的计算结果接近；宇宙还存在的低温微波辐射（被称为宇宙微波背景辐射）与大爆炸理论预测非常接近，而且在不同方向上存在微小的差异，这种差异与早期宇宙中物质分布不均有关，并使恒星和星系的形成有了可能。

CHAPTER 2

元素是构成人体的基石

　　人体和世界万物一样都是由元素构成的。构成人体各组织、器官的是哪些元素？这些元素以什么状态存在？人体从哪些食物中获得这些元素？这些元素在人体中主要构成什么样的化合物？人体如果缺乏某种元素，人的健康和生命活动会受到什么影响？

2.1　构成人体的化学元素

　　构成人体的化学元素约有 60 余种，主要包括氧（O）、碳（C）、氢（H）、氮（N）、钙（Ca）、磷（P）、钾（K）、硫（S）、钠（Na）、氯（Cl）、镁（Mg）等，这 11 种元素约占人体质量的 99.35%。从维持生命的作用看，人们把组成人体的元素分为最必需元素、次必需元素、非必需元素，把最必需元素和次必需元素称为生命元素。图 2-1 显示生命元素在元素周期表中的分布。组成人体的各种元素的含量不同，由生命活动的需要而定。通常，把人体中含量高于 0.01% 的元素称为宏量元素，含量低于 0.01% 的元素称为微量元素。

　　人体中的元素，分布在人体的各个组织和器官中（图 2-2）。人体中，各种元素大都以化合态存在（组成各种化合物），只有在血液中含有氧和氮元素形成的少量氧气和氮气。组成人体的各种元素，构成了人体中的各种化合物，包括水、多种无机化合物（如碳酸钙、羟基磷酸钙等），以及种类繁多、

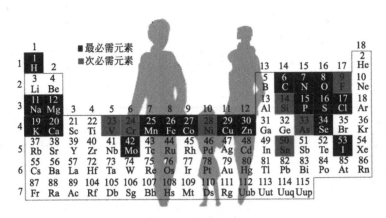

图 2-1 生命元素

数量巨大的有机化合物。这些化合物有些以离子状态存在于细胞内外液、血液和其他体液中，如钠、钾、镁、钙、氯的水合离子，碳酸根、碳酸氢根、硫酸根、磷酸一氢根、磷酸二氢根离子；有些形成小分子化合物（如可形成大分子的单体、离子的载体、具有电子传递功能的化合物）；还有的作为中心离子与生物大分子或小分子形成配合物（如各种酶）。这些化合物构成人体的组织、器官、骨骼、血液、皮肤、毛发，在人体中发挥着各自的生理功能，保障人的发育成长，维持人的生命活动。

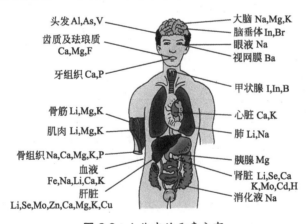

图 2-2 人体中的元素分布

2.1.1 人体中的宏量元素

人体中的宏量元素有 11 种：C（18%）、O（65%）、H（10%）、N（3%）、Ca（1.5%）、P（1.0%）、Cl（0.20%）、S（0.3%）、Na（0.2%）、

K（0.40%）、Mg（0.1%）（这些元素含量的数据，在不同资料文献中略有差异）。

（1）碳、氧、氢、氮　这四种元素是构成人体中的水分、糖类、脂肪和蛋白质所必不可少的元素。这些元素在人体中的存在和作用，体现在人体中水分、糖类、脂肪和蛋白质的组成和作用上。（在2.2节人体中的重要化学物质中介绍）。

（2）磷　磷元素占成人体重的1%，人体中80%的磷与钙结合成羟基磷酸钙［$Ca_{10}(OH)_2(PO_4)_6$］，它存在于人的骨骼和牙齿中。磷除了与钙结合作为构造骨骼和牙齿的重要材料外，还是一切活细胞的组成成分，是形成核酸的重要物质。人体中的三磷酸腺苷（ATP，又叫腺苷三磷酸）在细胞内起着储存和传递化学能的重要作用。此外，细胞膜中还含有磷脂。磷在神经细胞中含量丰富，脑磷脂可供给大脑活动所需的巨大能量。

三磷酸腺苷（ATP）是体内广泛存在的辅酶，它是一种核苷酸，是糖、脂肪、蛋白质吸收和代谢过程中必需的物质。人体内蛋白质、脂肪、糖和核苷酸的合成都需ATP参与。ATP分子结构可用图2-3表示。它的结构通常可以简单表示为A—P～P～P，其中A代表腺苷，P代表磷酸基团，～代表一种特殊的化学键，叫做高能磷酸键。ATP发生水解反应时，分子中位于末端的第2个高能磷酸键，能很快地水解断裂，转化为二磷酸腺苷（ADP）和磷酸，同时释放出大量能量（多达30.54千焦/摩尔）。其反应式如下：

$$ATP + H_2O \longrightarrow ADP + H_3PO_4 \quad \Delta H = -30.54 kJ/mol$$

图 2-3　ATP、ADP 分子结构式

ADP分子结构可以用图2-3中的结构式表示。ATP转化为ADP释放出的能量可以供给蛋白质、糖原、卵磷脂、尿素等的合成，为生命活动提供能量。

在有能量提供的条件下，人体中的ADP也容易加上第3个磷酸基团，转化为ATP。人体内部时刻进行着ATP与ADP的相互转化，同时也就伴随有能量的释放和储存。人体中ATP合成后短时间内即被消耗，人体不能储存ATP，它的总量只有大约0.1摩尔。人体细胞每天需要的能量要水解

❷ 元素是构成人体的基石

200～300 摩尔的 ATP，因此，每个 ATP 分子每天要被重复利用 2000～3000 次。

（3）钠、钾与钙、镁元素　人体中的这四种宏量元素都属于矿物质元素。钠、钾、镁主要以离子状态存在在体液中，钙元素主要以钙盐的形式存在。

钠和钾离子是人体体液中的电解质溶液的主要成分。成年人体内钾、钠的含量（平均）依次约为 140 克、100 克。人体中，钠离子有 44％在细胞外液，9％在细胞内液，47％存在于骨骼之中。人的细胞外液中的阳离子总量中，钠离子占 90％以上。血液中的钠离子是碳酸氢钠-碳酸缓冲体系的重要组分。碳酸氢钠-碳酸缓冲体系可以维持机体内酸碱度的平衡和体液的正常循环。例如，调节人体内水分使其均衡分布，调节细胞外液容量，维持细胞内外的渗透压，保证胃蛋白酶作用所必需的酸碱度。

正常人钠离子的最小需要量为每人每日 0.5 克，相当于食盐 2～3 克，通常情况下成年人食盐的最少摄入量应在每人每日 1.6～2.0 克。摄入的钠经胃肠道吸收，通过肾脏、皮肤及消化道排出。其中由尿排出的钠约占 90％（在特殊情况下，如大量出汗，通过皮肤排出的钠会大大增加）。肾脏可根据机体钠含量的情况调节尿中排钠量。肾小管滤过的钠中有 95％又重新被肾小管吸收，并与氢离子交换，起到清除体内二氧化碳的作用。此外，肾脏对钠的重吸收，还可以引起氯离子的被动重吸收，有利于胃酸的形成。

人体内钠不足，会引发低钠血症，能量的生成和利用较差，以至于神经肌肉传导迟钝，从而引发种种症状（如四肢及腹肌痉挛、头痛等，严重的还会出现机体酸碱平衡紊乱，造成酸中毒）。长期无盐饮食、持续高热、高温作业、大运动量而大量出汗、慢性腹泻、持续性呕吐及肾脏疾病会造成机体钠离子的大量流失，要注意补充。相反，高盐餐饮不利于健康，会使唾液分泌减少，引起口腔内溶菌酶减少，口腔黏膜水肿、充血，使上呼吸道易发生感染。高盐饮食还可能对胃黏膜造成损害，增加发生胃癌的危险。此外，人体内盐分增多，体内滞留水分也会相应增加，可导致血压升高，心脏负担加重。摄入钠过多，需要排出的也越多，会引起钙的消耗增大，影响骨骼生长。

钾是生命活动中的重要物质。钾参与能量代谢，能维持神经肌肉的正常功能，帮助将氧气输送到脑部，以使人保持清醒的头脑，还能帮助处理体内废物、降低血压。细胞内最多的阳离子是钾离子。钾大量存在于细胞内，仅

化学世界漫步

有约2%的钾在细胞外。钾离子是决定细胞内渗透压的主要因素，适当浓度的钾可以保持渗透压的稳定和心律的正常。细胞内的钾离子与细胞外的钠离子互相协调，维持血液和体液的酸碱平衡和体内的水分平衡。细胞内、外钠钾浓度比值会强烈影响细胞膜极化和细胞的活动程序，比如神经冲动传导和肌肉（包括心肌）收缩。

血浆钾浓度发生相对小的改变，就会产生明显的临床症状。低血钾患者常常四肢无力、精神不振、反应迟钝、缺乏食欲，严重的会出现心律紊乱、心力衰竭，还可能出现神经系统疾病的症状。钾的摄取过量，会造成钠的流失与不足。长期摄入过量的钾，会引起中枢神经系统抑制，引发心脏病，发生痉挛、腹泻和肾功能障碍。如果注射高浓度的氯化钾溶液，过多的钾离子游离于神经细胞外，打破了体内钾的平衡，使细胞内的钾离子无法传导神经脉冲，身体各种功能都受到影响，甚至使心肌停止跳动导致死亡。

我国营养学会提出的每日膳食中钾的"安全和适宜的摄入量"，成年男女为1.875～5.625克。钾在天然食物中分布很广，日常膳食中一般不会缺乏。食用大量水果和蔬菜的人每天摄入的钾可达到8～11克。如果长期服用抗生素、利尿剂或盐分摄取过高，必须适当增加钾的摄取量。

钙是人体内含量最多的重要的矿物元素。钙不仅参加人体骨骼和牙齿的组成，而且参与新陈代谢。成人体内的钙占体重的1.5%～2.0%。其中，99%的钙以钙盐的形式沉积于骨骼和牙齿中，1%以离子形式存在于体液、软组织之中，与骨保持着动态平衡。血液中钙与磷的含量保持着一定的比例。

一般膳食中钙的摄入量很难满足人的生理需要，钙盐在体内转变为磷酸盐才能被肠壁吸收，且人体中的钙易流失。因此，人成长的各个阶段，常常发生钙缺乏的问题。儿童缺钙将严重影响发育，引起软骨病、佝偻病。老年人由于钙的流失将会造成骨质疏松、骨质增生等慢性疾病。因此，我们在饮食中要重视钙的摄取。

镁元素在骨骼的形成、矿物质及碳水化合物的代谢中也起着重要作用。镁能防止软组织的钙化，保护动脉血管的内皮层。镁与维生素B_6能帮助溶解、减少肾的钙磷结石，可以降低血中的胆固醇，防止早产和孕妊期的痉挛。人体缺乏镁能导致失眠、消化不良、心跳加速和痉挛。研究还发现，镁对于防治心血管疾病、骨质疏松症和某些肿瘤的发生也有良好作用。

2.1.2 人体中的微量元素

人体中的微量元素有 16 种：Fe（铁）、Zn（锌）、Cu（铜）、Cr（铬）、Co（钴）、Mn（锰）、Mo（钼）、I（碘）、As（砷）、B（硼）、Se（硒）、Ni（镍）、Sn（锡）、Si（硅）、F（氟）、V（钒）。人体中微量元素含量少，作用大。比如，人体含锌仅 2～3 克，不足体重的万分之一，但是缺锌将导致儿童生长发育不良，免疫力下降，孕妇妊娠反应加重、早产等十分严重的后果。

从表 2-1 可以粗略了解人体中主要的微量元素及其作用。

表 2-1　微量元素与人体健康

元素	主要分布	生理作用	缺乏的病变	过量的危害	富含食品
Fe	70% 在血红蛋白内	血红蛋白运输 O_2、CO_2，促进代谢，为氧化还原酶传递电子	贫血，心悸，心动过速，指甲扁平	损害肝肾，皮肤发黑	动物肝脏，蔬菜，黑木耳，血糯
Zn	65% 在肌肉、多种酶和胰岛素中	参与代谢，促进伤口愈合	发育障碍，免疫功能低，异食癖	刺激肿瘤生长	谷类，贝类，蔬菜
Cu	35% 于肌肉、多种酶中	与 Fe 协同起氧化还原作用，形成人体黑色素	贫血，溶血症，白化症	沉积于肝、肾、脑中成威尔逊病	动物肝脏，蔬菜，黑木耳，血糯
Co	19% 于骨髓、维生素 B_{12} 中	促进多种营养物质生物效应	恶化贫血等维生素 B_{12} 缺乏症	影响心脏功能	动物肝脏，蔬菜
Cr	37% 于皮肤里	作用于胰岛素敏感部位	易发糖尿病，冠心病，动脉硬化	致癌	海藻，鱼类，豆类
Se	38% 于肌肉、酶中	抗衰老，抑制肿瘤	大骨节病，肝坏死	脱发，脱甲，神经系统损害	海产品，猪肾，牛肾
F	99% 于骨骼中	牙齿硬化	龋齿，心肌障碍	斑症，氟骨症	海产品，茶叶
I	87% 于甲状腺中	促进甲状腺素作用	甲状腺肿，智力障碍	甲状腺亢进	海产品

上表中的不少微量元素是过渡金属元素，这些元素的原子或离子能和其他元素原子以配位键结合，形成各种有特殊性能和生理功能的有机金属化合

物，这些化合物大都是人体内的各种重要的酶或激素。例如，血红蛋白中的亚铁离子，B$_{12}$中的钴离子，胰岛素中的锌离子。

2.2 人体中的重要化学物质

人体中的元素构成多种多样的化学物质，如水（约70%）、蛋白质（约15%）、脂类（约2%）、糖类（约3%）、核酸（约7%）、无机盐（矿物质，约1%）等。这些化学物质存在于人体的三大类组织——细胞群、细胞外的支持组织以及脂肪中。

2.2.1 人体中的水

水约占人体重的70%，因此有人把人体称为"装水的容器"。其中，约70%的水在细胞内，20%在组织液内，10%在血浆中。机体各组织含水量不同，肌肉含水72%，血液含水90%以上，肺与心脏均含水80%，肾脏含水83%，肝脏含水68%，脑含水75%，而牙齿含水10%，骨骼含水22%。

一般，一个人每天需要水量2500毫升左右。主要从饮水、进食各种食物所含水分及体内物质代谢产生的水中获取；以出汗、呼出水蒸气、排尿、排便的方式排出体外。成年人平均每天因呼吸及蒸发会失水500毫升，要补充水2500～4000毫升，每天要喝2400～3000毫升水。一个60岁的人摄入体内的水总量可达55吨。在正常情况下，人体每日摄入与排出的水量保持动态平衡，使机体保持着正常的含水量，维持水的平衡。

水是人体物质代谢过程中必不可少的物质，人的生命活动离不开水。对于维持生命而言，水比食物更为重要。禁食，生命可维持7～9天，甚至几周；禁水，生命只能维持3天。如果人体因流血或出汗过多而丧失10%的水，生理机能就会失调；失水达14%以上，体内毒素不易排出；丧失22%以上的水，则会导致死亡。

水对人体的主要作用是：

① 溶解营养物质和代谢产物。营养物质溶于水才能被充分吸收，才能进入细胞为人体利用；物质代谢的产物也必须通过水来运送和排泄。食物要靠唾液、胃液消化，然后由血浆、组织液、淋巴液来吸收、运送、处理。唾

液、胃液、血浆、组织液、淋巴液，都以水为主要成分。餐前喝适量的水能保证消化液的分泌。人通过汗液、尿液和呼出的水蒸气把新陈代谢的废物排出体外，并调节体温。

② 在人体组织中具有润滑作用。例如，泪液可防止眼球干燥；唾液有利于吞咽及咽部湿润；关节滑液、胸膜和腹膜的浆液、呼吸道和胃肠道黏液等也有良好的润滑作用。

③ 使皮肤柔软、富有弹性。

水之所以能具有这些作用，决定于水分子的结构和性质特点。例如，水分子是极性分子，所以许多离子化合物、极性化合物分子可溶于水；水分子间的作用力较强，其内聚力很大，要使冰熔化、水汽化，需要克服水分子间作用力，破坏分子间的氢键，要消耗较多的能量，因此，水有较高的熔点和沸点，汽化热和熔化热高；水的比热容大，因此能吸收较多热量而本身温度升高不多；水的蒸发热较大，蒸发少量的汗就能散发大量的热，因此水可以调节体温；水的流动性大，血液中约含90％的水，能随血液循环迅速到达全身，使体温不因环境温度的改变而有明显变化。

2.2.2 人体中的蛋白质

蛋白质是构成人体的物质基础，是细胞组织的主要成分，是实现各种生物功能的载体。人的一切生命现象和生理机能，都与蛋白质密切相关。人体除水分外，剩余质量的一半都是蛋白质。人体中的蛋白质有成千上万种，构成各种不同的人体组织。在新陈代谢中起催化作用的酶、起调节作用的激素、运输氧气的血红蛋白、抵抗疾病的抗体、与遗传相关的核蛋白等都含有蛋白质。各种不同的蛋白质具有各种不同的生理功能。蛋白质不仅担负维持组织细胞生长、更新和修复的任务，人体内物质的运输、肌肉收缩、血液凝固等生理功能都要靠蛋白质来实现。蛋白质还可为人的活动提供能量。每克蛋白质在体内氧化分解可释放约 17 千焦的能量。蛋白质氧化分解提供的能量占人体所需总能量的 $10\% \sim 15\%$。

蛋白质是含氮的有机化合物。构成蛋白质的主要元素是碳、氢、氧、氮、硫等。蛋白质是高分子化合物，结构十分复杂。蛋白质在酸、碱和酶的作用下发生水解，最终转化为氨基酸。

氨基酸分子的结构式见图 2-4，分子中既有氨基（—NH_2），又有羧基（—COOH）。自然界中有数百种氨基酸，蛋白质水解得到的氨基酸，最常

见的大约只有 20 种，并且绝大多数是 α-氨基酸。人体
所需的氨基酸中，有的可在体内由含碳和含氮的物质合
成（称为非必需氨基酸），有些人体不能合成，必须由
饮食提供（称为必需氨基酸）。必需氨基酸有 8 种；非
必需氨基酸有 12 种。

图 2-4　氨基酸结构式

氨基酸分子的羧基与氨基可以发生反应，脱去一个水分子，形成肽键。
两个或多个 α-氨基酸分子通过这种方式可以形成二肽或多肽。多肽（图 2
-5）是一条由许多氨基酸残基连接形成的长链。

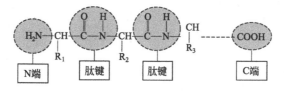

图 2-5　多肽的结构

组成肽的氨基酸单元称为氨基酸残基。肽链中氨基的一端叫 N 端，羧
基的一端叫 C 端。一个蛋白质分子可以包含多条肽链，肽链中所包含的氨
基酸残基的数量以及它们的排列方式又可以多种多样，多肽链本身以及多肽
链之间还存在一定的空间结构。因此，蛋白质的数目众多，结构复杂。如果
把各种氨基酸比作各种颜色、形状不同的珍珠，蛋白质就如同由这些氨基酸
"珍珠"先串成链，再用这些链编制成各种样式的胸针、发夹。不同颜色、
不同形状的珍珠，可以按照不同的顺序串成长度不等的珍珠串，每条珍珠串
还可以按一定的规律卷曲或折叠、并联。用若干串不同的珍珠串，按一定的
规则组合就可以编制成有特定图案的工艺品。

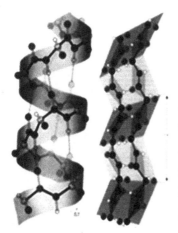

图 2-6　蛋白质的二级结构

蛋白质肽链中氨基酸的排列顺序和连接方
式被称为蛋白质的一级结构（人类目前大约已
弄清楚数十万种蛋白质的氨基酸序列）。蛋白
质分子中的肽链并非是直链状的。肽链中的羧
基—C—O 与氨基—NH—间能形成氢键，使
肽链按一定的规律卷曲或折叠，形成了特定的
空间结构，称为蛋白质的二级结构。美国科学
家鲍林（Linus Pauling）和科里（Robert
B. Corey）历经十多年的共同研究，于 1948 年
提出了蛋白质的 α-螺旋结构，1952 年又提出
了蛋白质的 β-折叠结构（图 2-6）。具有二级

2 元素是构成人体的基石

结构的肽链中相邻氨基酸残基间形成氢键、二硫键，使多肽链还按照一定的空间结构进一步形成更复杂的三级结构。具有三级结构的多肽链按一定的空间排列方式，结合在一起形成四级结构。图 2-7 为肌红蛋白和血红蛋白的结构。

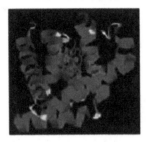

图 2-7　肌红蛋白和血红蛋白的结构

2.2.3　人体中的糖类物质

　　糖类（碳水化合物）是人体最重要的能源物质。人体维持正常生理活动所需要能量的 70％以上是由糖氧化供给的，人类的大脑和神经细胞必须要糖来维持生存。每克葡萄糖（$C_6H_{12}O_6$，结构如图 2-8 所示）在体内氧化时，可释放 16.7 千焦的能量。此外，葡萄糖代谢的氧化产物——葡萄糖醛酸对某些药物具有解毒作用，如水杨酸、磺胺类药物等都是通过与葡萄糖醛酸结合而被解毒的。在通常情况下，正常人每人每日碳水化合物的最小需求量为100 克（以葡萄糖计）。

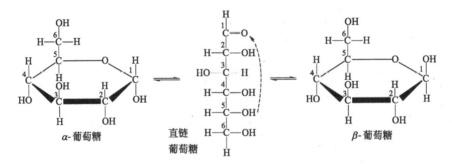

图 2-8　葡萄糖的结构式

糖类是含碳、氢、氧元素的有机化合物。人体内的糖以血糖、肌糖原、肝糖原的形式存在。血糖是血液中的葡萄糖，肌糖原、肝糖原分别是储存在肌肉组织和肝脏中的糖原。

血糖通过门静脉进入肝脏，再由肝静脉进入体内循环，在各种人体组织中彻底氧化分解，提供能量。血糖是神经系统能量的唯一来源，也是脑细胞能量的唯一来源。如果血糖浓度太低，脑组织会因缺乏能源发生功能障碍，出现头晕、心悸、出冷汗的症状。人体对葡萄糖的最大利用率约为每分钟每千克体重 4 毫克，一般人每天消耗葡萄糖接近 400 克（能量约为 6270 千焦）。如果葡萄糖摄入过量会导致高血糖症，会逐渐产生"渗透性利尿"，使游离水丢失过多，甚至导致死亡。因此，接受葡萄糖输入或实行全面的胃肠外营养的患者，要注意保持葡萄糖输入量低于人体的耐受水平。

健康人体内有多种有效调节血糖的形成和消耗，保持血液中血糖浓度的方式。如肝糖原可以逐渐分解为葡萄糖进入血液，某些有机酸、甘油及生糖氨基酸（能通过代谢转变成葡萄糖的氨基酸，如甘氨酸、丙氨酸、谷氨酸及精氨酸等）也能转化成葡萄糖来补充血糖。

糖元是葡萄糖聚合而成的高分子聚合物。糖原的结构见图 2-9。

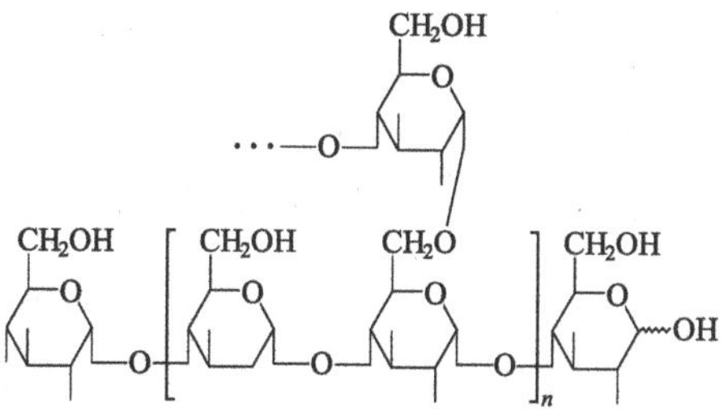

图 2-9　糖原的结构

肝糖原是肝脏利用血糖合成并贮存起来的。肝脏可储糖 70～120 克，占肝脏重量的 6%～10%。肝脏是人体的解毒器官，肝糖原含量丰富，人体对细菌毒素的抵抗力增强；反之，肝脏对有害物质的解毒作用明显减弱。肝脏储存的肝糖原可以逐渐分解为葡萄糖进入血液，维持血糖的正常浓度。肝糖原还可以转变为其他糖类衍生物和非糖物质（如脂肪、多种有机酸及非必需氨基酸）。细胞所能储存的肝糖原是有限的，如果摄入的糖分过多，多余的糖即转变为脂肪。在剧烈运动时，或者长时间没有补充食物的情况下，肝糖原可能会耗尽。此时，细胞将分解脂肪来供应能量，必要时还将分泌激素，把人体的某些部分（如肌肉、皮肤甚至脏器）摧毁，将其中的蛋白质转化为糖，以维持生存。因此营养极度不足的人，会变得骨瘦如柴。

肌糖原是肌肉利用血糖合成的。肌糖原是人体活动最有效的能量来源，心脏要靠磷酸葡萄糖和糖原氧化供给能量。肌糖原也可转变为其他糖类衍生物和非糖物质。

2.2.4 人体中的脂类物质

人体中的脂类物质，包括脂肪、磷脂、胆固醇等。

（1）脂肪是碳、氢、氧三种元素组成的有机化合物。油脂（油和脂肪的统称）结构式可用图 2-10 表示。它是高级脂肪酸（碳原子数超过 6 的脂肪酸）与甘油（丙三醇）形成的酯。其中的烃基 R 可以是饱和烃基（只含有碳-碳单键），也可以是不饱和烃基（含有碳-碳双键）。含饱和烃基的是饱和脂肪酸甘油酯，含不饱和烃基的是不饱和脂肪酸甘油酯。

$$R_1-\overset{\overset{O}{\|}}{C}-O-CH_2$$
$$R_2-\overset{\overset{O}{\|}}{C}-O-CH$$
$$R_3-\overset{\overset{O}{\|}}{C}-O-CH_2$$

图 2-10 油脂分子的结构

脂肪也是人体能量的重要来源。每克碳水化合物、蛋白质和酒精所提供的热量分别是 15.7 千焦，16.7 千焦和 29.3 千焦，而每克脂肪能够提供 37.7 千焦的热量。成年人每天摄入能量的 1/4～2/5 来自脂肪；新生儿有一半的能量来自脂肪。一般认为，每个成年人每日应摄入 50 克左右的油脂。食物中增加脂肪能够使热量翻倍，相反将脂肪从肉类、奶制品等产品中移除会大幅度地减少热量。脂肪还有助于脂溶性维生素（维生素 A、维生素 D、维生素 E 和维生素 K）的吸收，这些维生素也可以通过食用脂肪类食品获得。

人体中的脂肪除了提供能量、储存能量外，还可以在机体中起隔热保温作用，支持及保护体内各种脏器和组织、关节。皮下脂肪是储存在体内的脂肪，可随时被人体利用，提供热量，还可在代谢过程中提供各种脂肪酸作为合成其他脂质的材料。婴儿摄入较多脂肪能够促进脂肪堆积，进而隔绝热损失。脂肪在女性生育过程中起着重要的作用。一个健康的成年女性体内所含的脂肪占了自身体重的 20%～30%，是男性的两倍。如果这个数字降至 18% 以下，排卵过程就会停止；通常认为如果脂肪占据女性体重 50% 以上，将导致不孕。

（2）磷脂、固醇是生物体内性质与脂肪类似的化合物（它们不属于酯类化合物，称为类脂）。

磷脂是碳、氢、氧、磷、氮元素组成的有机化合物，是含有磷酸基团的复合脂，人们比较熟悉的有卵磷脂、脑磷脂。人体中的磷脂是组成细胞膜的主要成分。磷脂对活化细胞、促进细胞内外的物质交换，维持新陈代谢、荷尔蒙的均衡分泌，增强人体免疫力和再生力都能发挥重大的作用。此外磷脂还可以作为乳化剂，可以使体液中的脂肪悬浮，有利于脂肪的吸收、转运和代谢，有利于胆固醇的溶解和排泄，改善血液循环，预防心血管疾病。

食物中所含的磷脂主要是卵磷脂和脑磷脂，可从蛋黄、瘦肉、动物脑、肝、肾中获得，大豆、花生等坚果中含量也很丰富。大豆卵磷脂降血脂的作用更优于动物食物中的卵磷脂。卵磷脂是人类大脑必需的营养成分，和脑功能密切相关，儿童和老年人都要特别注意选择富含卵磷脂的食物，以促进大脑的发育，延缓脑功能的衰老。

胆固醇又称胆甾醇，是环戊烷多氢菲的一种衍生物，结构如图 2-11 所示。胆固醇广泛存在于人体内，是动物组织细胞不可缺少的重要物质。人体平均每千克体重含胆固醇 2 克，其中 75％ 自行合成，25％ 来自食物，吸收的量约为食物所含胆固醇的 1/3。肝脏是合成胆固醇的主要器官，其他组织如肠壁等也能合成少量胆固醇，人体每天合成胆固醇约 1 克。

人体中的胆固醇，在脑及神经组织中含量最为丰富，在肾、脾、皮肤、肝和胆汁中含量也较高。它是构成细胞膜和神经纤维的重要组成成分。胆固醇可转化为具有重要生理功能的物质：如有助于脂肪的消化吸收的胆汁酸盐、对新

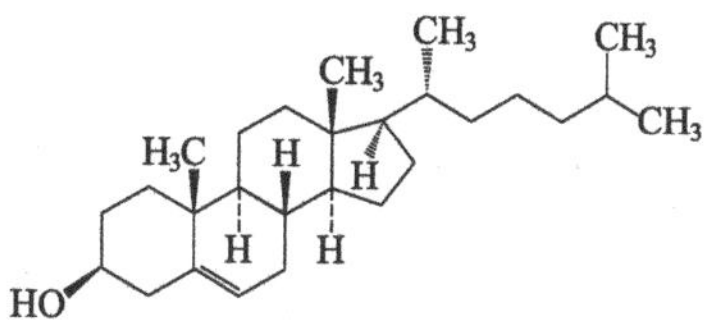

图 2-11 胆固醇的分子结构

陈代谢有调节作用的肾上腺皮质激素、发挥生育方面功能的性激素、维生素 D_3（在阳光照射下）等。胆固醇还有助于血管壁的修复和保持完整，如果血清胆固醇含量偏低，会使细胞膜弹性降低，导致血管壁脆性增加。国外的一些研究显示，胆固醇水平过低可能影响人的心理健康，造成性格改变，甚至还可能使发生某些恶性肿瘤的危险性增加。

人体内大多数胆固醇和脂肪酸结合形成胆固醇酯。仅有不到 10％ 的胆固醇以游离态存在。血液中的胆固醇存在于脂蛋白中，形成高密度脂蛋白胆固醇、低密度脂蛋白胆固醇、极低密度脂蛋白胆固醇等。胆固醇和饱和脂肪酸结合成的胆固醇酯是低密度脂蛋白胆固醇，容易沉积、附着在动脉血管壁上，促使血管硬化，造成动脉血管阻塞，诱发心血管病，一般认为，低密度脂蛋白胆固醇酯超出正常标准数值是心血管疾病的前兆；胆固醇和不饱和脂

肪酸结合成的胆固醇酯是高密度脂蛋白胆固醇，这种脂蛋白熔点低、易乳化和代谢，不仅不在血管壁上沉积，而且能清除已沉积在血管壁上的胆固醇酯，可减少血清中胆固醇含量。

营养学研究证明，血液中胆固醇的含量和膳食中胆固醇摄取量无直接关系，而与膳食中饱和脂肪酸摄取量呈正比，和膳食中不饱和脂肪酸呈反比。研究表明，摄入相同量的膳食胆固醇时，饱和脂肪酸摄入量高者相比于饱和脂肪酸摄入量低者，其提高血清胆固醇含量的作用要强。从实质上看，导致心血管病的是低密度胆固醇酯，而不是胆固醇本身，因此不能把胆固醇视为对人体有害的物质。减少血液中胆固醇形成的低密度脂蛋白的含量，重要的是在膳食中少食用饱和脂肪酸含量高的动物油及动物内脏，多摄入对人体有益的不饱和脂肪酸，如富含亚油酸和亚麻酸的豆油、菜籽油、亚麻油、红花籽油、芝麻油及鱼油。

2.2.5　人体中的维生素

维生素不是构成人体组织的原料，也不能为生命活动提供能量，但是在调节物质代谢中具有重要作用，是维持身体健康的活性物质，不可或缺。维生素是小分子有机化合物，在人体内的含量很少，已经发现的维生素有 20多种（世界公认的有 14 种）。维生素 A、维生素 B_2、维生素 C 的结构式见图 2-12。

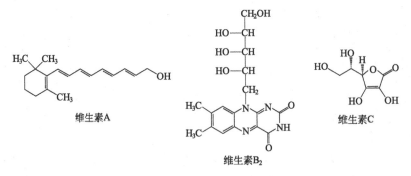

图 2-12　维生素 A、　维生素 B_2、　维生素 C 的分子结构

维生素不是人体内的内分泌腺分泌的。有些维生素人体不能合成，有些维生素人体合成的数量不能满足需要，有些维生素要靠肠内寄生的细菌制造，而有些则必须通过食物供给。

维生素种类很多，各种维生素的化学组成、结构、性质都不同，对细胞功能的影响也不同。缺乏某种维生素，细胞的某一种功能就会受到损害，人体的生长发育就不能正常进行，从而引发不同的病症。表2-2介绍了几种常见维生素的作用。

表 2-2　几种常见维生素的作用

体内的维生素	在人体内的主要作用
维生素 A	能增强对某些传染病的抵抗力，有益于抑制癌细胞增长，使正常组织恢复功能；缺少易得感冒、肺炎等传染病，视网膜不能很好地感受弱光，容易患夜盲症
维生素 B(具有不同性质的一些化合物的复合体，如维生素 B_1、维生素 B_2、维生素 B_6、维生素 B_{12} 等)	维生素 B_1 在细胞中组成一种辅酶，能促进糖类代谢过程中丙酮酸的脱羧作用
	维生素 B_2(核黄素)是一些氧化还原酶的辅基，广泛参与体内各种氧化还原反应，能促进蛋白质、脂肪、碳水化合物的代谢，对维持皮肤、黏膜和视觉的正常机能均有一定作用；缺少维生素 B_2 会影响细胞内的氧化作用，易发生皮炎，烂嘴角，眼睛怕光、易流泪，眼角膜充血、局部发炎、脱屑等问题
	维生素 B_{12}对人体合成蛋氨酸起着重要作用，能使一些酶的巯基保持还原状态，参与制造骨髓红细胞，有易于防止恶性贫血、防止大脑神经受到破坏；缺乏维生素 B_{12}，糖的代谢作用降低，也影响脂的代谢
维生素 C(必须依赖食物供给)	参与体内氧化还原反应，起传递氢的作用，促成人体组织和细胞间质的生成，并保持正常的生理机能；是制造胶原蛋白不可缺少的物质；具有很强的抗氧化性，可防止维生素 A、维生素 E 的氧化
维生素 D	具有激素的功能，可促进小肠黏膜细胞对钙、磷的吸收，促进肠内钙、磷物质吸收和骨内钙的沉积，与骨骼、牙齿的正常钙化有关；缺少将直接影响钙、磷的吸收和贮存，骨骼不易钙化，可引起儿童佝偻病、成年人软骨病
维生素 E	人体重要的抗氧化剂，可保护细胞膜及多元不饱和脂肪酸不被氧化，可保护红血球，预防血液凝结及强化血管壁；具有抗神经、肌肉变性作用，可维持肌肉正常生长发育；能促进生育功能，延缓衰老和记忆力减退
维生素 K	有助于血液凝固；有助于细胞中葡萄糖磷酸化，增进糖类吸收利用；有助于骨骼中钙的新陈代谢
叶酸	人体制造白血球和红血球的催化剂；叶酸缺乏的疾病恶化可发生"巨幼红细胞性贫血"，伴有白血球减少、胃肠道病变及生长停滞。妇女怀孕期间体内缺乏叶酸会直接引起氨基酸代谢和蛋白质合成紊乱及 DNA 合成障碍；妇女孕前和怀孕早期缺乏叶酸，胎儿脊柱关键部位发育会受到损伤，可导致婴儿神经管缺陷

2.2.6　人体中的无机盐

人体内含量较多的无机盐是含钙、镁、钾、钠、磷、硫、氯 7 种元素的盐类，占人体总灰分的 $60\%\sim80\%$。人体内无机盐的成分随人的年龄而变。

年龄越大，无机盐的含量越高，如胎儿体内无机盐的含量为 21.59 克/千克，而成人则为 42.76 克/千克。人体中无机盐分布在各个组织中，如骨骼、牙齿中的羟基磷酸钙 $[Ca_{10}(OH)_2(PO_4)_6]$ 和软组织中的钙盐；血液中的碳酸氢钠和碳酸缓冲剂；血清中的钾、钠离子等。

3 氟元素和碳元素的发现与应用

　　元素的发现是一场持久的接力赛，来自世界各国的科学家在这场接力赛中谱写了一篇篇科学探索和发现的史诗，众多"元素的故事"激励了无数青年学子投入元素及其化合物的研究事业中。"元素的故事"被广泛传播，许多业已为人们所熟知。在本专题中，选择碳元素和氟元素的发现与应用的史实，讲述科学家们是怎样通过孜孜不倦地探索、实践，为人类文明的发展做出了伟大的贡献。

3.1　单质氟的制备研究

　　氟是元素周期表中第 9 号元素，它排列在元素周期表的右上角，是化学活动性最强的非金属元素。氟最早是用从萤石（氟的天然化合物，主要成分是氟化钙，在黑暗中摩擦时能发出绿色荧光）制备的氟化氢电解得到的。因此氟被命名为"Fluorine"，表示它来自萤石。氟是卤族元素（氟、氯、溴、碘、砹）中的第一个元素，但发现得最晚，因为它的化学活性太强了。它能与绝大多数元素形成化合物，会腐蚀非常不活泼的金属铂，只有少数的稀有气体元素不和氟化合。在氟的气流中，木材、橡胶会剧烈燃烧。

　　在化学元素史上，参加人数最多、危险性最大、难度最大的研究课题，莫过于氟元素的制备。1768 年德国化学家马格拉夫（Marggraf，1709—

1782）发现了氟，1771年瑞典化学家舍勒制得了氢氟酸，但直到1886年法国化学家亨利·莫瓦桑（Moissan H，1852—1907）才从氢氟酸中制得单质氟。从1768年到1886年的118年间，为了氟的发现，许多科学家不屈不挠地辛勤探索，不少化学家因此损害了健康，甚至献出了生命，谱写了一段极其悲壮的化学元素史。

1768年马格拉夫研究萤石，发现它与石膏和重晶石不同，判断它不是一种硫酸盐。1771年化学家舍勒用曲颈甑加热萤石和硫酸的混合物，发现玻璃瓶内壁被腐蚀。我们现在知道这是由于萤石和浓硫酸作用生成氟化氢：

$$CaF_2 + H_2SO_4（浓）=\!=\!=CaSO_4 + 2HF\uparrow$$

氟化氢溶于水，得到氢氟酸。氢氟酸接触皮肤会造成严重的灼伤，并能与SiO_2或硅酸盐（玻璃的主要成分）反应生成气态的、易挥发的SiF_4：

$$4HF + SiO_2 =\!=\!= SiF_4\uparrow + 2H_2O$$
$$6HF + CaSiO_3 =\!=\!= SiF_4\uparrow + CaF_2 + 3H_2O$$

因此氢氟酸必须保存在铅、石蜡或塑料瓶中。

1810年法国物理学、化学家安培，根据氢氟酸性质的研究指出，其中可能含有一种与氯相似的元素。化学家戴维的研究，也得出同样的观点。1813年戴维用电解氟化物的方法制取单质氟，用金和铂做容器，都被腐蚀了。后来改用萤石做容器，腐蚀问题虽解决了，但也得不到氟，而他则因患病停止了实验。接着乔治·诺克斯（Knox G）和托马斯·诺克斯（Knox R T）两兄弟先用干燥的氯气处理干燥的氟化汞，然后把一片金箔放在玻璃接收瓶顶部。结果金变成了氟化金，可见反应产生了氟而未得到氟单质。在实验中，兄弟二人都严重中毒。继诺克斯兄弟之后，鲁耶特（Louyet P）对氟作了长期的研究，最后因中毒太深而献出了生命。法国化学家尼克雷（Nickles J）也遭到了同样的命运。法国的弗雷米（Fremy E，1814—1894）是一位研究氟的化学家，曾电解无水的氟化钙、氟化钾和氟化银，虽然阴极能析出金属，阳极上也产生了少量的气体，但始终未能收集到单质氟。同时英国化学家哥尔（Gore D G，1826—1908）也用电解法分解含水氟化氢，他以碳、金、钯、铂作电极，但在实验的时候发生爆炸，碳被粉碎，金、钯、铂被腐蚀，显然产生的少量氟与电解水产生的氢发生了反应。这么多化学家做出了努力，虽然都没有制得单质氟，但他们的经验和教训都是极为宝贵的，为后来制取氟创造了有利条件。

法国化学家莫瓦桑（图3-1）看到这么多科学家前仆后继，但都没有获得成功，还因此搭上了性命，他不仅没有害怕、退却，反而坚定了研究的决

心，坚持不懈地进行研究，终于获得了成功。

莫瓦桑出生于巴黎的一个铁路
职员家庭。因家境贫穷，中学未毕
业就当了药剂师的助手。他怀着强
烈的求知欲，常去旁听一些著名科
学家的讲演。1872 年他在法国自然
博物馆馆长和工艺学院教授弗雷米
的实验室学习化学，1874 年到巴黎
药学院的实验室工作，1877 年获得
理学学士学位，1879 年通过药剂师

图 3-1　法国邮票上的亨利·莫瓦桑

考试，任高等药学院实验室主任，1886 年成为药物学院的毒物学教授，
1891 年当选为法国科学院院士，1906 年获得诺贝尔化学奖，1907 年 2 月 20
日在巴黎逝世。

1872 年莫瓦桑当上弗雷米教授的学生，开始在真正的化学实验室工作
了。弗雷米教授是当时研究氟化物的化学家，莫瓦桑在他的门下不仅学到了
化学物质一般的变化规律，而且还学到了有关氟的化学知识和研究过程。他
知道此前安培和戴维就已证明，盐酸和氢氟酸是两种不同的化合物。后一种
化合物中含有氟，由于这种元素反应能力特别强，甚至和玻璃也能发生反
应，以致人们无法分离出游离的氟。弗雷米反复做了多种实验，都没有找到
一种与氟不反应的东西。莫瓦桑对氟的研究非常感兴趣，下定决心要攻克这
个难关。

在集中精力开展研究后，莫瓦桑花了好几周的时间查阅科学文献，研究
了几乎全部有关氟及其化合物的著作。他发现氟这种气体太活泼了，许多化
学家设想的实验方法都不能把氟单独分离出来，只有戴维设想的一种方法还
没有试验过。戴维认为：磷和氟的亲和力极强，如果能制得氟化磷，再使氟
化磷和氧作用，则可能生成氧化磷和氟。由于当时还没有方法制得氟化磷，
因而戴维设想的实验没有能进行。莫瓦桑用氟化铅与磷化铜反应，得到了气
态的三氟化磷。他把三氟化磷和氧的混合物通过电火花，结果发生了爆炸，
而且并没有获得单质氟，得到的化合物是氟氧化磷。

此后，莫瓦桑又进行了一连串的实验，都没能制得单质氟。经过长时间
的探索，他发现要从氟的化合物中制得单质氟，只能在室温下用电解的方
法，若能在冷却的条件下进行最为理想。因为氟非常活泼，温度较高时，活
泼性更强。即使通过某种反应能够得到游离状态的氟，它也会立刻和所遇到

③
氟元素和碳元素的发现与应用

的物质化合。以往的实验都是电解熔融的氟化物，因其熔点高，将会加剧氟对电解槽和电极材料的腐蚀，他觉得这是失败的主要原因。由此，他设想用某种液体的氟化物，例如氟化砷在低温下电解制取氟。液态氟化砷不导电，又有剧毒，但莫瓦桑并不畏惧。他制备了剧毒的氟化砷，并往氟化砷里加入少量的氟化钾，得到导电性能好的混合物，着手进行电解实验。反应开始几分钟后，电解槽阴极表面覆盖了一层析出的砷，电解因此中断了。这时，莫瓦桑也觉得疲倦极了，他艰难地支撑着关掉了电源，瘫倒在沙发椅上，他感到呼吸困难，面色发黄，眼睛周围出现黑圈。莫瓦桑意识到可能是砷中毒，引起了心脏病发作。他只好放弃这个实验方案，设计其他方法了。

　　莫瓦桑曾在研究中因中毒而中断了四次实验。他的妻子莱昂妮看他经常冒着中毒危险坚持进行实验，对他的健康状况也极为担心。莫瓦桑却没有因此放弃研究。他又设计了一个新的实验方法：在低温下电解氟化氢。干燥的氟化氢不导电，他就使用含少量氟化钾的氟化氢。他把这种混合物盛装在铂制 U 形管中电解。电解持续了近一小时，但只在阴极上产生了氢气，阳极上没有得到氟气。莫瓦桑产生了怀疑：氟是不是不能以游离状态存在？当他在拆卸仪器，拔掉 U 形管阳极一端的塞子时，突然发现玻璃塞子上覆盖着一层白色粉末状的物质。事实说明，塞子被氟腐蚀了。可见，氟是分解出来了，不过与玻璃发生了反应，消耗了。他想，如果把装置上的玻璃塞子换成不能与氟发生反应的材料，也许就可以制得单质氟了，于是他决定用不与氟反应的萤石制塞子。准备好新装置后，他把盛有液体氟化氢和氟化钾混合物的 U 形铂管浸入制冷剂氯仿中，把温度控制在 $-23℃$，以铂铱合金作电极，用萤石制的螺旋帽塞紧管口，重新进行了电解实验。实验获得了成功，他制得了氟气！经过一些著名化学家的审查，确认他的实验结果无可争议。1886年，经过几代科学家长时间的探索，付出了巨大的代价，人类终于第一次制得了单质氟！

　　为了表彰莫瓦桑在制氟方面所作的突出贡献，法国科学院发给他一万法郎的拉·卡泽奖金。20 年以后，莫瓦桑因为在研究氟的制备和氟的化合物中获得的显著成就被授予诺贝尔化学奖。

　　现代工业上，制备氟的主要方法还是电解法。用三份氟氢化钾（KHF_2）和两份无水氟化氢（HF，含水量低于 0.02%）的混合物作电解质，用铜制的容器作电解槽。槽身作阴极，石墨作阳极，在 373K 左右进行电解：

　　　　阳极：$2F^- \!=\!=\! F_2\uparrow + 2e^-$

阴极：　$2HF_2^- + 2e^- \!=\!=\! H_2\uparrow + 4F^-$

电解总反应：$2KHF_2 \!=\!=\! 2KF + F_2\uparrow + H_2\uparrow$

3.2　碳元素的发现及其应用

　　碳元素，是人类最早发现并得到应用的元素之一。碳元素有碳 12（^{12}C）、碳 14（^{14}C）等多种同位素。碳元素形成的单质有炭黑、石墨、金刚石、富勒烯、碳纳米管、石墨烯等，它们是碳的各种同素异形体。

　　碳的英文名称 carbon 来源于拉丁文中煤和木炭的名称 carbo，也来源于法语中的 charbon，意为木炭。碳元素位于元素周期表的第二周期ⅣA族，是一种很常见的元素，它以多种形式广泛存在于大气和地壳之中。除了以上提到的各种单质，碳还和其他元素组成无机化合物（二氧化碳等氧化物、碳酸盐等）以及种类繁多的有机化合物。

　　从炭黑的使用，到石墨、金刚石的研究，再到现代碳 14、碳纳米管、石墨烯的发现和应用研究，历经数千年。有史以来，人类对碳元素的研究一直没有中断过。可以说，碳元素是人们研究时间最长、新发现最多的元素之一。人类发现碳元素的精确日期难以查清。人类从燃烧中认识了碳，闪电使木材燃烧残留下来木炭、动物被烧死会剩下骨炭，人类学会引火之后，碳就成为人们日常生活的伙伴。炭黑和煤是人类最早使用碳的形式。我国古人在尧舜时代就用炭黑做涂料，商朝时用木炭冶金；煤在罗马时代就被使用。如今，焦炭、炭黑和活性炭成为重要的工业原料。

　　许多科学家研究碳的单质并获得了引人注目的成就，留下了许多趣事。

　　无烟煤、石墨和金刚石是天然存在的碳元素的单质。早期人们往往会通过燃烧得到煤灰或木炭。经过许多科学家的辛勤研究，才使人们认识到这些不同的物质是由相同的碳元素构成的。

　　1694 年佛罗伦萨（意大利）的博物学者 Giuseppe Averani 和医学工作者 Cipriano Targioni 把金刚石放在充满氧气的钟罩里，用巨大的凸透镜聚集阳光照射它，发现它立刻化为乌有。他们首先发现了钻石是可以被加热摧毁的。Pierre-Joseph Macquer 和 Godefroy de Villetaneuse 在 1771 年重复了这个实验。1772 年，安东尼·拉瓦锡将一些钻石和木炭的样品分别燃烧，发现他们都只生成二氧化碳气体，而且每克钻石和木炭完全燃烧生成的二氧化碳

气体质量相等。这表明钻石和木炭是相同元素的不同存在形式。1779年，卡尔·威廉·舍勒就发现一度被认为是铅的石墨，实质上是混杂了少量铁的碳。1786年，法国化学家 Claude Louis Berthollet, Gaspard Monge 和 Vandermonde C A 利用拉瓦锡处理钻石的方法将石墨氧化，证明了石墨几乎全部由碳组成。1789年，拉瓦锡在他的教科书中将碳列入当时所编制的《元素表》中。1796年，英国化学家台耐特在实验中发现等量金刚石、石墨完全燃烧生成等量的二氧化碳气体，证明它们是碳的不同存在形式。1799年，法国化学家德·毛涛隔绝空气加热金刚石，发现金刚石变成石墨。1955年，英国的一组科学家霍尔等人，以熔融硫化亚铁为熔剂，在3000℃、13万大气压下，成功地把石墨转化为金刚石。以上科学家的研究实践，都证明石墨、金刚石、木炭都是碳元素形成的单质，在一定条件下可以相互转化。

此后，又有许多科学家通过他们的研究，进一步丰富了人们对碳元素的认识。例如：

1940年美国科学家马丁卡门和塞缪尔·鲁宾发现同位素碳14。

1967年美国科学家加利福德·荣迪尔和尤苏拉·马温发现六角金刚石（蓝丝黛尔石，英文名称 Lonsdaleite，与金刚石有相同的键型，但原子以六边形排列）。

1967年美国科学家邦迪和卡斯伯发现单斜超硬碳。

1985年美国德克萨斯州罗斯大学的科学家发现了 C_{60}（富勒烯）。

1991年日本电子显微镜专家饭岛发现了碳纳米管。

2004年英国科学家安德烈·K·海姆等在研究石墨薄层的电学特性时，制备出了石墨烯。

其中碳14（^{14}C）、碳纳米管、石墨烯是碳元素发展史上具有里程碑意义的发现与应用。

3.2.1　金刚石、石墨和无定形碳

金刚石不仅晶莹美丽，光彩夺目，还是硬度最大的物质。测定物质硬度的刻画法规定，以金刚石的硬度为10来衡量其他物质的硬度。在所有单质中，它的熔点最高，达3823K。金刚石晶体是典型的原子晶体，具有空间网状结构（图3-2）。晶体中每个碳原子都以 sp^3 杂化轨道与另外四个碳原子形成共价键，构成正四面体。金刚石晶体中 C—C 键很强，所有价电子都参与了共价键的形成，晶体中没有自由电子，所以金刚石不仅硬度大，熔点高，

而且不导电。室温下，金刚石对所有的化学试剂都显惰性，但在空气中加热到 1100K 左右时能燃烧生成 CO_2。金刚石除用作装饰品外，主要用于制造钻探用的钻头和磨削工具。

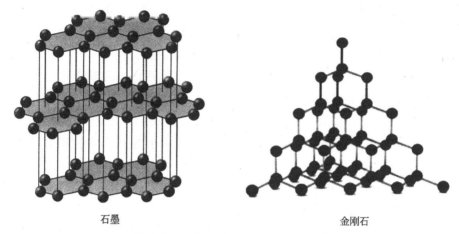

石墨   金刚石

图 3-2 石墨、金刚石的结构示意图

石墨是一种深灰色有金属光泽而不透明的细鳞片状固体，是世界上最软的矿石。它的密度比金刚石小，熔点比金刚石低（3773K）。石墨晶体中碳原子以 sp^2 杂化轨道和邻近的三个碳原子形成共价单键，构成六角平面的网状结构，这些网状结构又连成片层结构（图3-2）。层中每个碳原子均剩余一个未参加 sp^2 杂化的 p 轨道，其中有一个未成对的 p 电子，同一层碳原子中的未成对的 p 电子形成大 π 键。这些电子可以在整个碳原子平面层中活动，使石墨具有层向的良好导电导热性能。石墨属于混合型晶体。石墨的层与层之间是以分子间力结合起来的，因此石墨容易沿着与层平行的方向滑动、裂开。由于石墨层中有自由的电子存在，石墨的化学性质比金刚石稍显活泼。

石墨质软，具有润滑作用，可以作为润滑剂。石墨能导电，具有化学惰性、耐高温，易于成型和机械加工，所以石墨被大量用来制作电极、高温热电偶、坩埚、电刷、润滑剂和铅笔芯。

焦炭、木炭、活性炭和炭黑被称为无定形碳。活性炭疏松多孔，有很强的吸附能力，可作防毒口罩的滤毒层，或作防毒面具的滤毒罐、净水过滤器；常温下炭黑非常稳定，用炭黑墨汁绘制的画和书写的字经久不变色。

3.2.2 碳14（^{14}C）的发现和应用

现在已知的碳的同位素共有十五种，质量数分别为 8～22，除碳 12

（¹²C）、碳 13（¹³C）外都有放射性。在地球的自然界里，碳 12 占所有碳含量的 98.93％，碳 13 占 1.07％。碳 12 是国际单位制中定义摩尔的尺度，12克碳 12 中所含有的碳原子数为 1 摩尔。

大气外层的氮气受宇宙射线的轰击产生碳 14，碳 14 迅速氧化成二氧化碳（CO_2），经大气对流进入大气内层。碳 14 能发生 β 衰变，不断地缓慢转变为氮原子，它的半衰期为 5730 年。地球上的生物生存时，由于呼吸作用，体内的碳 14 含量和大气层中含量保持一致。生物死亡，呼吸作用停止，体内的碳 14 由于衰变开始减少。因此我们可以通过检测出土文物的碳 14 含量，利用碳 14 的半衰期估算它的大致年龄，这就是出土文物的碳定年法。2004 年，美国开发出 ASTM D6866——碳 14 定年技术的工业应用。该方法通过测试样品中碳 14 的含量来计算样品中生物质的含量，可应用于生物材料、生物产品和可再生能源等新技术行业。

碳 14 标记化合物作为灵敏的示踪剂，具有非常广泛的应用前景。例如，以碳 14 为主的标记化合物在医学上还广泛用于体内、体外的诊断和病理研究。用于体外诊断的竞争放射性分析是 20 世纪 60 年代发展起来的微量分析技术。竞争放射性分析体外诊断的特异性强，灵敏度高，准确性和精密性好，许多疾病就可能在早期发现，为有效防治疾病提供了条件。

3.2.3　富勒烯的发现和应用

富勒烯是碳元素被发现的第三种同素异形体。足球烯（C_{60}）是富勒烯的一种，它是分子晶体，分子呈足球状，每个分子由 60 个碳原子以球体穹顶状的结构键合在一起，各个碳原子位于多面体的 60 个顶点。足球状的 C_{60}有 32 个面，20 个正六边形，12 个正五边形。C_{60} 的熔沸点低，硬度小。

1985 年 9 月初，在美国得克萨斯州 Rice 大学的 Smalley 实验室里，Kroto 等为了模拟 N 型红巨星附近大气中的碳原子簇的形成过程，进行了石墨的激光气化实验。他们从所得的质谱图中发现了一系列由偶数个碳原子所形成的分子，其中有一个比其他峰强度大 20～25 倍的峰，此峰的质量数对应于由 60 个碳原子所形成的分子。这种分子是以什么样的结构构成并稳定存在的呢？这个问题，促使他们进行研究、探索。人们已经知道，层状的石墨和四面体结构的金刚石是碳的两种稳定存在的单质。可是 60 个碳原子以它们中的任何一种结构排列，都会存在许多游离的价键，就会非常活泼，不会显示出稳定的质谱信号。因此 C_{60} 分子应该具有与石墨和金刚石完全不同

的结构。受到建筑学家 Buckminster Fuller 用五边形和六边形为加拿大蒙特利尔博览会设计的拱形圆顶建筑的启发，Kroto 等认为 C_{60} 是由 60 个碳原子组成的球形 32 面体，由 12 个五边形和 20 个六边形组成，只有这样 C_{60} 分子才不存在游离的价键。在 C_{60} 分子中，每个碳原子以 sp^2 杂化轨道与相邻的三个碳原子相连，剩余的未参加杂化的一个 p 轨道在 C_{60} 球壳的外围和内腔形成球面大 Π 键，从而具有芳香性（图 3-3）。为了纪念 Fuller，他们提出用 Buckminsterfullerene 来命名 C_{60}，后来又将包括 C_{60} 在内的所有含偶数个碳所形成的分子通称为 Fuller，中文译名为富勒烯。

1996 年 10 月 7 日，瑞典皇家科学院决定把 1996 年诺贝尔化学奖授予 Robert FCurl，Jr（美国）、Harold WKroto（英国）和 Richard ESmalley（美国），以表彰他们发现 C_{60}，开辟了化学研究的新领域。

C_{60} 发现后的短短的十多年内，已经广泛地影响到物理学、化学、材料学、电子学、生物学、医药学等各个领域，极大地丰富和提高了科学理论水平，同时也显示出其巨大的潜在应用前景。

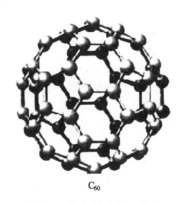

C_{60}

图 3-3　富勒烯结构示意图

据报道，对 C_{60} 分子进行掺杂，使 C_{60} 分子在其笼内或笼外俘获其他原子或基团，可形成 C_{60} 的衍生物。比如，将 C_{60} 分子充分氟化，在 C_{60} 球面加上氟原子，可以把 C_{60} 球壳中的所有电子"锁住"，使它们不与其他分子结合，形成 $C_{60}F_{60}$。$C_{60}F_{60}$ 不容易粘在其他物质上，其润滑性比 C_{60} 好，可做超级耐高温的润滑剂，被视为"分子滚珠"。又如，把 K、Cs、Tl 等金属原子掺进 C_{60} 分子的笼内，就能使其具有超导性能。用这种材料制成的电机，只需很少电量就能使转子不停地转动。再如，用 C_{60} 合成 $C_{60}H_{60}$ 等碳氢化合物，它们的相对分子质量很大，热值极高，可做火箭的燃料。

3.2.4　碳纳米管的发现及其应用史

1991 年，日本 NEC 公司基础研究实验室的电子显微镜专家饭岛，在高分辨透射电子显微镜下检验石墨电弧设备中产生的球状碳分子时，意外发现了由管状的同轴纳米管组成的碳分子，即碳纳米管（Carbon nanotube），又名巴基管。1993 年 Iijima 等和 Bethune 等同时报道了采用电弧法，在石墨电

极中添加一定的催化剂可以得到仅仅具有一层管壁的碳纳米管（单壁碳纳米管），图 3-4 为其结构示意图。

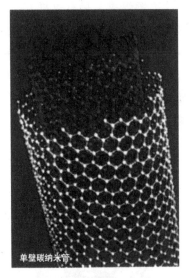

单壁碳纳米管

图 3-4 单壁碳纳米管

碳纳米管自身重量轻，具有中空的结构。1997 年，Dillon 等报道了单壁碳纳米管的中空管可储存和稳定氢分子，引起广泛的关注。研究发现，碳纳米管是储存氢气的优良容器，储存的氢气密度甚至比液态或固态氢气的密度还高。适当加热，氢气就可以慢慢释放出来。据推测，单壁碳纳米管的储氢量可达 10%（质量比）。研究人员正在试图用碳纳米管制作轻便的可携带式的储氢容器。此外，碳纳米管也可以用来储存甲烷等其他气体。

现在，对碳纳米管的研究已不仅仅局限于实验室中，人们已渐渐把它应用到生产生活中了。例如，用碳纳米管作模具，在它的内部填充金属、氧化物等物质，再把碳层腐蚀掉，就可以制备出纳米尺度的导线或者全新的一维材料，应用于分子电子学器件或纳米电子学器件。有些碳纳米管本身即可作为纳米尺度的导线。利用碳纳米管或者相关技术制备的微型导线可以置于硅芯片上，用来生产更加复杂的电路。又例如，利用碳纳米管的特性可以制作出很多性能优异的复合材料。用碳纳米管材料增强的塑料，力学性能优良、导电性好、耐腐蚀、可以屏蔽无线电波。碳纳米管还给物理学家提供了研究毛细现象机理的最细毛细管；给化学家提供了进行纳米化学反应的最细试管。碳纳米管上极小的微粒可以引起碳纳米管在电流中的摆动频率发生变化。利用这一点，1999 年巴西和美国科学家发明了精度为 10^{-17} 千克的"纳米秤"，能够称量单个病毒的质量。随后德国科学家又研制出能称量单个原子的"纳米秤"。

3.2.5 石墨烯的发现和应用

石墨是由一层层以蜂窝状有序排列的平面碳原子堆叠而形成的，石墨的层间作用力较弱，很容易互相剥离，形成薄薄的石墨片。当把石墨片剥成单

化学世界漫步

层之后，这种只有一个碳原子厚度的单层就是石墨烯。

2004 年，英国的两位科学家安德烈·海姆和康斯坦丁·诺沃肖洛夫发明了一种非常简单的方法来得到很薄的石墨薄片。他们从石墨中剥离出石墨片，然后将薄片的两面粘在一种特殊的胶带上，撕开胶带，就能把石墨片一分为二。不断地如此操作，他们得到了仅由一层碳原子构成的薄片——石墨烯（图 3-5）。此后，制备石墨烯的新方法层出不穷，近年来的发展已经为石墨烯进入工业化生产领域打下了基础。2010 年安德烈·海姆和康斯坦丁·诺沃肖洛夫获得 2010 年诺贝尔物理学奖。

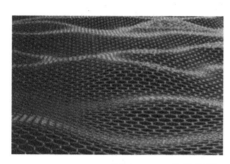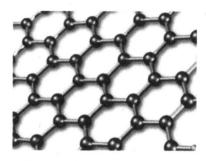

图 3-5　石墨烯材料与石墨烯结构示意图

石墨烯的发现，形成了从零维到三维的完美的碳单质材料体系：零维或准零维的富勒烯（C_{60}、C_{70}）、一维碳纳米管、二维石墨烯、三维金刚石和石墨。

石墨烯的出现在科学界激起了巨大的波澜，人们发现，石墨烯具有非同寻常的导电性能、超出钢铁数十倍的强度和极好的透光性，它的出现有望在现代电子科技领域引发新一轮革命。在石墨烯中，电子能够极为高效地迁移，电子的运动速度可以达到光速的 1/300，远远超过了电子在一般导体中的运动速度。这使得石墨烯中的电子［为更准确表达应称为"载荷子"（electric charge carrier）］的性质和中微子非常相似。传统的半导体和导体（如硅和铜）由于电子和原子的碰撞，以热的形式释放了部分能量（一般的电脑芯片以这种方式浪费了 70%～80% 的电能），石墨烯则不同，它的电子能量不会被损耗，这使它具有了非同寻常的优良特性。

石墨烯的应用前景十分光明。例如，利用石墨烯可以开发制造出纸片般薄的超轻型飞机材料，可以制造出超坚韧的防弹衣，甚至还能为"太空电梯"缆线的制造打开希望之门。如果要制造出一根长达 23000 英里并且足够强韧的缆线，从地面连向太空卫星，只有具有极高强度的石墨烯可以做到。利用石墨烯优异的导电性，可以制造性能优异的高频电路，大大拓宽高频提升的发展前景。研制石墨烯光电探测器、基于石墨烯的太阳能电池和液晶显示屏，已经成为科学家们的研究课题。石墨烯还可以应用于晶体管、触摸屏、基因测序等领域，有望帮助物理学家在量子物理学研究领域取得新突破。这些事实再一次说明，化学科学研究的进展可以为其他科学的发展提供支持和帮助，化学不愧为 21 世纪的中心科学。

4 从皇家走进平民生活的铝

铝元素是活泼金属元素，又是典型的两性元素。铝元素在地壳中的含量仅次于氧和硅，居第三位，是地壳中含量最丰富的金属元素，其蕴藏量在金属中居第二位，含量达 8.3%。当今世界铝和铝合金是地位仅次于钢铁的金属材料，又是日用品和住宅建材的原材料。铝化合物的应用遍及各个行业

图4-1 日用品、工业器件、建筑材料、交通工具都应用了大量铝和铝合金

（图 4-1）。但是，直到 19 世纪末，铝才崭露头角。当时，皇家才能用上铝制品。然而，让人惊奇的是，一百多年后铝就成为工程应用中极具竞争力的金属材料，其中的原因何在？当今世界人们在不断开发铝及其化合物的应用，又担心铝可能给人类健康带来危害。这种担心有什么依据？

4.1 铝迟迟才进入社会生活的原因

铝在地壳中的含量极为丰富，主要以铝矾土的形式蕴藏在地壳中。要从铝矾土分离净化得到的氧化铝来冶炼铝，工艺复杂，且消耗能量大。因为铝是比铁、铜活泼的金属元素，不能用热还原方法借助碳、一氧化碳等还原剂在高温下把固态的氧化铝还原，只有用比铝更活泼的金属将其从无水铝盐中还原成单质。或者用电解熔融氧化铝的方法来冶炼铝，但氧化铝的熔点又很高。

人类为了从铝的化合物得到金属铝，经历了长时间的探索。1825 年、1827 年化学家就先后用钾汞齐、金属钾还原无水氯化铝制得铝。但是，这种方法炼铝成本太高，不可能进行工业化生产。随着电力资源的开发和化学化工技术的发展，19 世纪末终于产生了现代工业电解法炼铝的工艺（霍尔-埃鲁铝电解法）：用熔化的冰晶石（Na_3AlF_6）作熔剂，使氧化铝、冰晶石熔剂组成的电解质，在 950～970℃ 的条件下用石墨电极在电解槽中电解（图 4-2）。铝在石墨阴极以液相形式析出，氧在石墨阳极上以二氧化碳气体的形式逸出。一般来说，两吨铝矿石可以生产一吨氧化铝，两吨氧化铝可生产一吨电解铝。每生产一吨原铝，会产生 1.5 吨的二氧化碳，耗电 15000 千瓦时左右。

用电解法冶炼铝，先要从铝土矿或其他含铝原料中提取氧化铝。目前用于大规模工业生产的是碱法。例如，由奥地利化学家拜耳于 1889～1892 年发明的拜耳法就是碱法的一种，现在拜耳法在工艺技术方面有许多改进，其化学反应原理简单归纳如下：

（1）用氢氧化钠溶液在较高的压力和温度下从含硅、钛、铁等化合物的铝土矿中溶解氧化铝，得到铝酸钠溶液 [$NaAl(OH)_4$] 和未溶解的固体残渣（含硅、钛、铁等不溶性化合物杂质）：

$$Al_2O_3 + 2NaOH + 3H_2O = 2NaAl(OH)_4$$

（2）将得到的铝酸钠溶液冷却，使铝酸钠分解成氢氧化铝和氢氧化钠，再把得到的氢氧化铝沉淀加热到 980℃，转化为氧化铝：

$$NaAl(OH)_4 = Al(OH)_3 + NaOH$$
$$2Al(OH)_3 = Al_2O_3 + 3H_2O$$

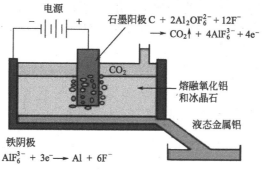

图 4-2　电解氧化铝生产线和电解原理示意图

（3）把氧化铝溶解在熔融的冰晶石中进行电解。氧化铝溶解并和部分冰晶石发生反应：

$$Al_2O_3 + 4AlF_6^{3-} \Longrightarrow 3Al_2OF_6^{2-} + 6F^-$$

在电解槽阴极，发生下列电极反应，得到熔融的金属铝：

$$AlF_6^{3-} + 3e^- \Longrightarrow Al + 6F^-$$

在石墨阳极，发生下述反应，形成二氧化碳：

$$2Al_2OF_6^{2-} + C + 12F^- \Longrightarrow CO_2 \uparrow + 4AlF_6^{3-} + 4e^-$$

电解的总反应为：

$$3C + 2Al_2O_3 \Longrightarrow 3CO_2 \uparrow + 4Al$$

融化的铝浇注到模具中固化成铝锭。必要时可以对电解得到的原铝进行精炼得到高纯铝。

从铝土矿提取氧化铝，会产生大量污水和污泥，处理不好可能带来环境污染。2010 年 10 月，匈牙利第二大铝企业、占有 4% 的世界市场份额的一家铝矾土工厂，因为蓄水围墙倒塌，60 万～70 万米³ 强碱性的含有铅等重金属的废水夹带红棕色污泥涌向附近村镇和河流，导致 3 个成人和 1 个小孩死亡，120 多人受伤，3 人失踪。污染面积达 41 平方公里，3 个村庄房屋被

淹、农田被毁，多瑙河支流严重污染，800～1000 公顷土地需要更换土壤，铝厂所在地的 3 个小镇难以重建，生态系统遭受破坏。

工业的发展给人类带来了巨大的经济利益，但稍有不慎也会给人类带来巨大的灾难。工业发展和环境保护事业必须同步进行。现代化学工业中，已经考虑到采用无毒害物质排放、无污染的工艺，推进"绿色化发展"。

1973 年，美国铝业公司（Aluminium Company of America）的阿尔阔（Alcoa）分公司宣布研究出了一种新的氯化铝电解制铝法。固态氯化铝具有六配位离子结构，受热熔融转化为共价化合物 Al_2Cl_6，电导率降为 0。在难以导电的熔融氯化铝中加入某些物质，组成电解质体系，就可以用电解法电解制得铝。例如，使用 NaCl-KCl-LiCl-AlCl_3 体系或 NaCl-KCl-AlCl_3 体系在双极性电极多室电解槽中电解，可以制得铝。

4.2　为什么铝元素具有广泛的用途

铝元素用途广泛，是因为铝元素的单质和化合物具有许多奇特的性质。铝在许多金属中"后来居上"，在人们的生活中出现不久就迅速获得广泛应用，极好地诠释了"物质的用途决定于它的性质"的论断。

4.2.1　金属铝的奇异性质

金属铝比较活泼，在干燥的空气中铝和氧气作用，其表面生成一层很薄的氧化铝膜。这种氧化铝膜，厚度约 50 埃（Å）（1 埃 $= 10^{-10}$ 米 $= 0.1$ 纳米），非常致密。它紧密地包裹在铝片的表面上，使它不会进一步氧化，并能阻止铝和水发生化学反应。氧化铝的熔点很高。把氧化膜完好的铝片在火焰上加热，直到内部的铝熔化了，外表的氧化铝膜可以像袋子似的兜住熔融的铝，使它不会下落。致密氧化膜使铝及铝合金制品不会像铁器、铜器那样在使用中发生锈蚀。

铝的密度很小，仅为 2.7 克/厘米^3（g/cm^3），铝有良好的导电性能，在电器制造工业、电线电缆工业和无线电工业中有广泛的用途；铝是热的良导体，它的导热能力比铁大 3 倍，工业上可用铝制造各种热交换器、散热材料和炊具等；铝有较好的延展性（仅次于金和银），可加工

化学世界漫步

成铝箔，铝丝、铝条，能轧制成各种铝制品，在 $100\sim150℃$ 时可制成薄于 0.01 毫米的铝箔，广泛用于包装香烟、糖果等；铝粉具有银白色光泽，常用来做涂料，俗称银粉、银漆，以保护铁制品不被腐蚀；铝板对光的反射性能也很好，反射紫外线的性能比银强，因此常用来制造高质量的反射镜，如太阳灶反射镜等；铝具有吸声性能，音响效果也较好，所以广播室、现代化大型建筑室内的天花板等也采用铝为材料；铝耐低温，低温时其强度增加且无脆性，是理想的低温装置材料，冷藏库、冷冻库、南极雪上车辆、过氧化氢的生产装置的制造都要用到铝；铝是理想的阳极材料，目前已开发出多种铝电池，如 Al/空气型电池、熔盐铝型电池、以铝为材质的金属复合燃料电池等。

铝可和多种其他金属形成性能优异的铝合金（如硬铝、超硬铝、防锈铝、铸铝），成为能应用于飞机、汽车、火车、船舶乃至宇宙火箭、航天飞机、人造卫星的制造材料。例如，一架超音速飞机约由 70% 的铝及其铝合金构成，一艘大型客船用铝量常达几千吨。

铝还原一些金属氧化物产生大量的热，生成的金属处于熔融状态。

如：$2Al(s)+Fe_2O_3(s)\!=\!=\!Al_2O_3(s)+2Fe(s)$　$\Delta H=-600kJ/mol$

由铝和铁的氧化物按一定比例组成的铝热剂常用于野外焊接钢轨（图4-3）；铝和锰、铬等金属氧化物按一定比例组成的铝热剂可用于熔炼锰、铬等难熔金属。铝还用做炼钢过程中的脱氧剂。铝粉和石墨、二氧化钛（或其他高熔点金属的氧化物）按一定比率均匀混合后，涂在金属上，经高温煅烧而制成耐高温的金属陶瓷，在火箭及导弹技术上有重要应用。

图4-3　用铝热剂于野外焊接钢轨

铝在氧气中燃烧能放出大量的热和耀眼的光，常用于制造爆炸混合物，

如铵铝炸药（由硝酸铵、木炭粉、铝粉、烟黑及其他可燃性有机物混合而成）。用铝热剂做的炸弹和炮弹可用来攻击敌方难以着火的目标或坦克、大炮等。用68%硝酸钡、28%铝粉、4%虫胶可以配制成能发出强光的照明混合物，用于制造照明弹。

4.2.2　种类繁多、性质各异的铝化合物

铝的氧化物，从组成看只有一种——三氧化二铝（氧化铝）（Al_2O_3）。但氧化铝晶体却有许多变体，金属铝表面形成的氧化铝只是其中的一种变体。此外，还有 γ-Al_2O_3、β-Al_2O_3、α-Al_2O_3 等。

工业上煅烧氢氧化铝制得的氧化铝是 γ-Al_2O_3。晶体中铝原子不规则地排列在由氧原子围成的八面体和四面体孔穴中。它不溶于水，能溶于酸和碱溶液。γ-Al_2O_3 又称为活性氧化铝，颗粒小，比表面积很大（达200～600米²/克）。它具有强吸附力和催化活性，可做吸附剂和催化剂。

自然界存在的刚玉［图 4-4（c）］是 α-Al_2O_3，具有紧密堆积结构，Al^{3+}、O^{2-} 离子间存在强大的作用力，晶格能大，熔点高，不溶于水，能耐酸、碱，硬度仅次于金刚石。它可用于制作轴承、磨料、耐火材料，如刚玉坩埚可耐 1800℃ 的高温。含微量 Cr（Ⅲ）的 α-Al_2O_3 呈红色，称为红宝石［图 4-4（a）］；含有 Fe（Ⅱ）、Fe（Ⅲ）或 Ti（Ⅳ）的 α-Al_2O_3 称为蓝宝石［图 4-4（b）］。

β-Al_2O_3 有离子传导能力（允许 Na^+ 通过）。钠-硫蓄电池以含 β-Al_2O_3 的铝矾土为电解质，电池负极为熔融钠，正极为多硫化钠（Na_2S_x）。钠-硫蓄电池单位重量的蓄电量大，为铅蓄电池蓄电量的3～5倍，具有大电流放电的特性，使用温度范围可达 620～680K。用 β-Al_2O_3 陶瓷做电解食盐水的隔膜生产烧碱，产品纯度高，危害小。

氧化铝是两性氧化物，可以和酸反应生成铝盐，也可以和碱反应生成偏铝酸盐。用天然铝矾土矿（$Al_2O_3\cdot3H_2O$）为原料，经过化学处理除去硅、铁、钛等的氧化物，制得的氧化铝是纯度很高的原料，用于电解铝生产。

铝的氢氧化物——氢氧化铝［$Al(OH)_3$］不溶于水，在水中可形成胶体。氢氧化铝胶体可做钠吸附剂、媒染剂和离子交换剂，也可用来制造瓷釉、耐火材料、防火布等。氢氧化铝液溶胶和干凝胶在医药上用作止酸药，有中和胃酸的作用，可用于治疗胃和十二指肠溃疡以及胃酸过多症。

氢氧化铝是两性氢氧化物，可溶于强酸、强碱溶液，生成铝盐或偏铝酸

(a)红宝石　(b)蓝宝石　(c)刚玉　(d)明矾

图 4-4　自然界各类含铝化合物

盐。如：

$$Al(OH)_3 + 3HCl \rightarrow AlCl_3 + 3H_2O$$
$$Al(OH)_3 + NaOH \rightarrow NaAlO_2 + 2H_2O$$

用氢氧化铝制备的偏铝酸钠（$NaAlO_2$）常用于印染织物，生产湖蓝色染料、制造毛玻璃、肥皂、硬化建筑石块。此外它还是一种较好的软水剂、造纸的填料、水的净化剂、人造丝的去光剂等。

无水氯化铝是石油工业和有机合成中常用的催化剂。在无水三氯化铝催化下，芳烃与卤代烃（或烯烃和醇）能发生取代反应，生成芳烃的烷基取代物。

六水合氯化铝（$AlCl_3 \cdot 6H_2O$）可用于制备除臭剂、安全消毒剂及石油精炼等。

磷化铝（AlP）遇潮湿或酸放出剧毒的磷化氢气体，可毒死害虫，是农业上用于谷仓杀虫的熏蒸剂。

硫酸铝〔$Al_2(SO_4)_3$〕常用作造纸的填料、媒染剂、净水剂、灭火剂、油脂澄清剂、石油脱臭除色剂，并用于制造沉淀色料、防火布和药物等。

由明矾石〔图 4-4（d）〕经加热萃取而制得的明矾，主要成分是

$KAl(SO_4)_2 \cdot 12H_2O$，是一种重要的净水剂、染媒剂，医药上用作收敛剂。它在水中水解可形成氢氧化铝胶体，具有很强的吸附作用，可以吸附水中的杂质而使其沉降，从而使水净化。此外，各种铝的羧酸盐在工业上也具有广泛用途。

4.3　警惕铝对人体健康的潜在危害

　　铝是否为人体必需的微量元素，尚无定论。每人每天通过摄入食物、水、药物以及使用铝制炊具，进入人体的铝为10～18毫克。其中，大部分经消化道随粪便排出，小部分在睾丸、肾、脾、肌肉、骨骼和脑组织内蓄积。

　　20世纪90年代的研究表明，老年性痴呆或精神异常患者，脑内含铝量比正常人高10～30倍。进一步的研究证实，铝在人体内慢慢蓄积起来会对人的健康产生不易察觉的毒害。比如，有研究认为铝元素能损害人的脑细胞，铝在脑中蓄积可引起大脑神经退化，记忆力衰退，智力和性格也会受到影响。铝可能影响儿童的发育和智力发展，导致人的早期衰老。当人体内铝蓄积量超过正常值的5～16倍时，可抑制肠道对磷的吸收，干扰体内正常的钙、磷新陈代谢。

　　铝对人体的毒害是如何产生的，至今还是未解之谜。有研究认为铝离子能与蛋白作用导致生物毒性，但其分子机理至今还不清楚。但铝的自然毒性很弱，食物内的铝又容易与磷酸盐形成不溶性沉淀，不易被人体吸收，同时正常人的胃肠道对铝又有屏障作用，这些因素都可以防止过多的铝进入机体。因此，不必过分担心铝的毒害。

　　除了从氢氧化铝、胃舒平、安妥明铝盐、阿斯匹林等药物中摄入铝以外，每人每天要从食物中摄入8～12毫克的铝。由于使用铝制的炊具、餐具，从而摄入溶在食物中的铝约4毫克。人体摄入的铝还来自含铝的食品添加剂，如含铝的发酵粉等。世界卫生组织于1989年正式将铝确定为食品污染物而加以控制，提出成年人每日的铝摄入量最多为0～0.6毫克/千克。也就是说体重为60千克的成年人，每日允许摄入铝36毫克。我国《食品安全国家标准　食品添加剂使用标准GB 2760—2014》中规定，食物中铝的残留量要小于等于100毫克/千克。我国计生委等五个部门已联合发布消息，从

 化学世界漫步

2014 年 7 月 1 日起，三种含铝的食品添加剂（酸性磷酸铝钠、硅铝酸钠和辛烯基琥珀酸铝淀粉）不能再用于食品加工和生产，馒头、发糕等面制品（除油炸面制品、挂浆用的面糊、裹粉、煎炸粉外）不能添加含铝膨松剂（硫酸铝钾和硫酸铝铵），而在膨化食品中也不再允许使用任何含铝的食品添加剂。

　　为了避免潜在的危害，我们在饮食中要注意控制铝的摄入量。在日常生活中尽量少吃含铝膨松剂的油炸食品，尽量少用铝制的炊具及餐具，少吃用铝包装的糖果等食品，少服用含铝元素的药品。

4.4　古罗马铅广泛应用的教训

　　有些专家从铝的广泛应用和其毒性的发现，联想到古罗马人对铅的偏爱导致最终的灭亡，警示人们不要忘记历史的教训（图 4-5）：大自然中有许多事物是人们尚未完全了解的。对大自然要有敬畏之心，对我们不了解的事物要谨慎，处理要留有余地，给出一个较大的"安全系数"。

图 4-5　古罗马帝国遗留的建筑

　　1969 年，一支考古队挖掘出了一座公元 4 世纪末 5 世纪初的古罗马墓群。墓群里分布着 450 具骸骨，大部分骸骨上都附着有形迹可怖的黑斑，经过化学测定这是沉积于骨骼中的铅与尸体腐烂时产生的硫化氢作用，生成的硫化铅黑斑。这些尸骨的含铅量是正常人的 80 倍之多。许多研究表明，古

罗马帝国的消亡除了政治、经济、军事方面的主要因素外，还和铅对古罗马人的毒害密切相关。

公元1～2世纪古罗马人建立起了地跨欧、亚、非的强大帝国，创造了灿烂的罗马文化，首都罗马城被称为"永恒之城"。古罗马人有发达的冶金技术，他们对金属铅特别偏爱，铅被当作贵重金属渗透在古罗马贵族生活的各个方面。大量的铅被用以制作各种餐具、厨具、器皿，连玩具、铸像、钱币、化妆品、药品和颜料液都广泛使用铅和它的化合物。罗马供应城市生活用水的送水渡槽也由陶器和铅管组成。罗马人将葡萄汁在铅锅中熬煮制成葡萄糖浆，为了减少酸味，他们还加入有甜味的铅糖——醋酸铅 $[(CH_3COO)_2Pb]$。这种糖浆中的铅含量高达 240～1000 毫克/升。大量使用金属铅及其化合物，使得铅非常容易被摄入罗马人身体内，富集于骨髓和造血细胞里，甚至胎儿的血液中。在人体中铅最终都转移到骨骼系统中，难以排出。铅极大地毒害了一代又一代的罗马人，损坏了他们的脑细胞，破坏了他们的骨髓，损坏了他们的生殖能力，侵蚀了他们原有的强健肌体。铅中毒使古罗马上层阶级的人数不断减少，贵族子弟的智力水平和身体素质也越来越低下。弱智与赢弱使他们成为"地中海病夫"，最终促使古罗马帝国走向分裂和灭亡。

5

氢、氧元素二三事(上)

　　氢元素、氧元素是地球上最宝贵的资源——水的组成元素。组成万物的一百多种元素中，氢、氧元素几乎是人们了解最多的元素。关于它们发现、应用的故事为许多人所熟知。这些故事无论是流传已久的、新发现的，总与人们的生产、生活有着密切的关系，引起人们的关注、探索和评说。

　　但是，直到现在人们对氢、氧元素的认识并没有到"无所不知"的地步。例如，氢气作为最洁净的高效能源，是现在人们最渴望能广泛利用的能源，但是如何廉价获得氢，如何安全方便地存贮和使用氢，仍然是个有待研究解决的问题。关于氧气的同素异形体——臭氧和人们生活环境的关系，例如臭氧空洞的形成、修补，臭氧污染问题的防治，也是科学家研究的热点问题。随着科学技术的发展，人们发现了一个又一个关于氢、氧元素的新现象与新原理，其中有些发现连科学家都觉得十分神奇。例如，科学家发现人体中存在微量的氢气，可能具有某种特殊生理作用，氢气可能具有某些潜在的医疗价值。

　　科学发现是无止境的。对氢、氧元素的认识和研究也说明了这个真理。

5.1　氢、氧元素的存在和发现

　　氢元素是宇宙天体中各元素的鼻祖，也是宇宙中存在最普遍的元素。氢元素的原子结构在各元素中最为简单，质量数最小，但是在宇宙中所占原子

百分数最大，质量百分数也不小。在宇宙空间中，氢原子的数目比其他所有元素原子的总和约大 100 倍。据科学家估计，氢占宇宙质量的 75%。在太阳的大气中，按原子百分数计算，氢约占 81.75%。太阳依赖氢元素得以生存，太阳每秒钟要"燃烧" 6 亿吨的氢。没有氢就不会有太阳，没有太阳，地球上的生物就不可能生存。

在地球的自然界中，氢元素分布很广。按质量计算，地壳中的氢只占地壳总质量的 1%，而如果按原子百分数计算则占 17%。地球上和地球大气中只存在极稀少的游离状态氢。水是氢的"仓库"（氢占水质量的 1/9），泥土中约有 1.5% 的氢，石油、天然气、动植物体也含氢。

氢有三种同位素，这些同位素有自己的名称和符号：^2H 称为氘（deuterium）或重氢，可以用 D 表示；^3H 称为氚（tritium）或超重氢，可以用 T 表示。氘和氚是核聚变反应的主角。

早在 16 世纪，瑞士的一名医生把铁屑投到硫酸里，产生了气泡，像旋风一样腾空而起，他还发现这种气体可以燃烧。他做了记录，却没有做进一步的研究，错过了发现氢元素的难得机遇。到了 17 世纪，又有一位医生偶然发现了氢气，但他和当时的科学家一样，认为不管什么气体都不能单独存在，不能收集、测定，他还认为得到的气体与空气一样，因此放弃了对这种气体的研究。1766 年，英国化学家卡文迪什又收集到这种气体，他对这种气体进行了实验研究，发现了其不助燃，也不能支持动物呼吸，和空气混合遇到火星就会爆炸。他测定了这种气体的密度，也发现这种气体燃烧后得到的产物是水。但是他深信当时盛行的"燃素说"，把水看成是一种元素，认为他看到的燃烧只是水这种元素失去了燃素而已，根本没有意识到自己在无意中发现了一种新元素。错误的观念，蒙蔽了他的慧眼。拉瓦锡知道卡文迪什的实验后，重新做了实验研究，他不赞成"燃素说"，他断定水不是一种元素，而是氢和氧的化合物。在 1787 年，他正式提出"氢"是一种元素的看法。科学实验需要实践，更需要敢于突破旧观念束缚的勇气以及独立思考、敢于创新、勇于发现的精神。

氧元素是人们更为熟悉而且须臾不可离的物质。氧是地壳中含量最多的元素，占地壳质量的 48.6%，地球上氧的质量分数为 15.2%。空气中氧气的体积占 21%。动物、植物生物细胞的元素组成类似，氧元素占到其质量的 65%。

已知的氧的同位素有十七种。其中氧 16（^{16}O）、氧 17（^{17}O）和氧 18（^{18}O）三种属于稳定同位素，其他同位素都带有放射性。氧元素的单质有氧气（O_2）和臭氧（O_3）。氧元素能和大多数元素反应。氧和其他元素的二元化合物有氧化物、过氧化物、超氧化物、臭氧化物等。

氧元素的发现，应该归功于三位化学家。一位是英国的约瑟夫·普里斯特利，他在 1774 年把阳光聚焦到氧化汞（HgO）上，收集到释放出的气体，制得了氧气。他注意到蜡烛在这种气体里燃烧得更明亮了，人的呼吸变得更轻松了，但他不知道这种气体是氧气；另一位是瑞典的卡尔·威尔海姆·舍勒（Carl Wilhelm Scheele），他在 1771 年 6 月已经制取得到了氧气，但是直到 1777 年才公布他的发现；第三位是 1777 年推翻"燃素说"，提出燃烧氧化学说的法国化学家拉瓦锡，他指出物质只能在含氧的空气中燃烧。拉瓦锡的研究确定了氧气的化学性质，他提议把这种新的气体叫做 oxy-gène。

氢、氧元素发现的故事说明，一个人看待物质世界的观念是极其重要的。观念不对，面对实验事实，也可能不敢承认，不愿面对，放弃探索研究，更不可能有伟大的发现。只有敢于独立思考、敢于怀疑、不迷信权威，具有发现、创新意识的人，才可能有所发现、有所创造、有所成就。

5.2　氢气应用的开发和扩展

氢气作为一种非金属单质，有许多宝贵而又特殊的性质。这些性质的应用，随着人们认识的发展、科技的进步、生活水平的提高，不断被开发和扩展，越来越受到人们的重视和青睐。

氢气有许多不同于其他气体的特性，这些性质决定了它的用途。氢气的密度（0.0899 克/升）是所有气体中最小的，因此可以用氢气填充气球、汽艇和探空气球。氢气的熔、沸点极低，熔点 $-259.2℃$（14.01K），沸点 $-252.77℃$（20.28K），液氢蒸发可获得 14～15K 的低温。氢气跟氧气反应时放出大量的热，可做高能燃料；液氢和液氧组合具有很高的比推力，是动力火箭的推进剂，在空间技术上大量使用。氢氧焰温度可达 3000℃，可用于焊接或切割金属。氢气具有很强的还原性，可用于冶炼贵重有色金属和高纯度的锗、硅，在一些工业生产中提供防止氧化的还原气氛。氢气导热性好，可用作冷却剂，例如工业上用它做双氢内冷发电机中的导热材料。

氢气在化学工业、电子工业、冶金工业、食品工业、航空航天工业等领域也得到广泛的应用。氢气可以和许多物质在一定条件下反应，得到许多有

广泛应用的化合物，因此，氢气成为现代化学工业和炼油工业的基本原料之一。例如：氢气和氮气在高温、高压、催化剂存在下可直接合成氨气，目前，全世界生产的氢气约有 2/3 用于合成氨工业。一个 1000 吨/天规模的合成氨厂，每生产 1 吨氨约需氢气 336 立方米。氢气在氯气中燃烧生成氯化氢，用水吸收得到重要的化工原料盐酸。在石油化工领域中，氢气主要用于石油炼制过程中产品的加氢工艺，如加氢脱硫、加氢裂化等方面，以改善石油化学品的质量，增加最有价值的石油化学品的产量。此外，氢还可以和一氧化碳反应合成多种有机化合物。例如氢气和一氧化碳的合成气，净化后经加压和催化可以合成甲醇。一个日产千吨级规模的甲醇厂，每生产 1 吨甲醇约需氢气 560 立方米。

在一些电子材料的制备中，要采用氢气作为反应气、还原气或保护气。例如，在多晶硅的制备中，要用氯化氢和粗硅反应，生成三氯硅烷（$SiHCl_3$），通过分馏分离出三氯硅烷，再用氢气还原为高纯度的硅。用硅制造功能材料二氧化硅膜，要把硅装在石英管中，通入高纯度的氢气、氧气，二者在石英管中燃烧生成高纯度的水，水与硅反应，生成二氧化硅膜。二氧化硅薄膜具有良好的硬度、光学性质、介电性质及耐磨、抗蚀等特性，在光学、微电子等领域有广泛的应用前景，是目前国际上广泛关注的功能材料。

在冶金工业中，氢气用做还原气，将金属氧化物还原成金属。在高温锻压某些金属器材时，经常用氢气作为保护气以使金属不被氧化。氢气在氧气中燃烧的温度可高于 3100K，氢通过电弧的火焰时分解成原子氢，原子氢可用于最难熔的金属、高碳钢、耐腐蚀材料、有色金属等的熔融和焊接。用原子氢进行焊接的优点在于，氢原子束能防止焊接部位被氧化，使焊接的地方不产生氧化皮。

在食品工业中，高纯度的氢气用于不饱和动植物油脂的硬化，可以提高植物油的稳定性、抵抗细菌生长和提高黏度，将油脂加工成人造奶油、脆化奶油和食用蛋白质。

许多工业部门要求使用的氢气有很高的纯度。例如，制造非晶体硅太阳能电池，需要用到纯度很高的氢气。半导体集成电路生产使用的氢气，氧杂质的允许浓度非常低，因为微量杂质会改变半导体的表面特性，甚至使成品率降低。光导纤维的主要类型——石英玻璃纤维的制造过程中，需要采用纯度和洁净度都很高的氢氧焰加热。又如，玻璃工业中浮法玻璃的生产，要采用装有熔融状态锡液的生产装置，由于锡液极易被氧化，生成氧化锡，会使玻璃粘锡，增加锡的消耗，因此需要将装锡液的锡槽密封，持续通入纯度为

99.999％的氢气与氮气组成的混合气，并维持正常的压力，保护锡液不被氧化。

为满足高纯氢的需求，必须对工业上生产的氢气进行纯化。氢气的纯化方法也是依据氢气和其他杂质气体的性质差异来设计的。例如，氢气能与某些金属（储氢合金）形成金属氢化物，在加热或减压时，生成的氢化物又能分解出氢，利用这一方法可以把氢含量较低的工业氢气原料用储氢合金处理，获得高纯度氢；水或水溶液电解得到的氢气，含有氧气，需要在高压和催化剂存在下，使氧与氢反应除去氧；利用钯合金薄膜允许氢气透过、而其他气体不能透过的特性，让氢含量较低的混合气体中的氢气通过钯合金薄膜，可实现和杂质气体分离。

5.3　氢气是未来最理想的能源

氢作为无污染、零排放的清洁能源，是世界各国能源开发应用的热门。氢元素的受控核聚变能、氢气与氧气反应释放的热能是本世纪最有前途的两种绿色能源。

人类所利用的太阳能就是氢核聚变释放出的能量。核物理学理论指出，太阳中心处于高密度、高温和高压状态。在这种条件下氢不断地发生热核反应——氢经过核聚变转化为氦核，释放出巨大的能量，并向宇宙空间辐射。太阳在其生命周期中发生的核聚变反应除了由氢聚变成氦外，还有由氦聚变成碳和氧的反应。由氢聚变成氦这一过程效率最高，持续时间也最长。太阳能量的99％都是在氢的核聚变中产生。科学研究还发现，引发氘核$_1^2$H 和氚核$_1^3$H 的核聚变反应，也可以释放出巨大的能量：

$$_1^2H + _1^3H \longrightarrow _2^4He + _0^1n$$

与^{235}U 等质量的氢（氘和氚），聚变放出的能量约为^{235}U 裂变（如原子弹爆炸）放出能量的 4 倍。氢聚变释放的热量中约有 20 亿分之一到达地球大气层。到达地球大气层的太阳能，有 30％被大气层反射，23％被大气层吸收，其余的到达地球表面。太阳每秒钟照射到地球上的能量相当于燃烧 500 万吨煤释放的热量。据科学家推测，经过约 80 亿年的氢核聚变后，太阳中的氢元素将消耗殆尽。

氢弹的爆炸是靠原子弹爆炸产生的高温高压，引发热核燃料氘氚发生聚

变反应。氢弹瞬间的猛烈爆炸无法控制，其所释放的巨大能量，形成强大无比的破坏力。要把聚变时放出的巨大能量作为社会生产和人类生活的能源，必须对剧烈的聚变核反应加以控制，只能通过受控核聚变反应来达到这一目的。受控核聚变反应的发生要求有足够高的点火温度（几千万甚至几亿摄氏度的高温）、非常高的气体密度（相当于铅的密度的 20 倍，原子距离约为 1×10^{-15} 米），并在足够长的时间内保持这一温度和密度条件。由于受控核聚变技术难度极高，实现其实际运用还要有一个探索过程。

氢气在氧气中燃烧，生成无污染的水，释放出大量的热能。2 摩尔氢气在 1 摩尔氧气中燃烧生成 2 摩尔水，释放出约 572 千焦的热量。

$$2H_2(g) + O_2(g) \Longrightarrow 2H_2O(l) \qquad \Delta H = -572kJ/mol$$

5.3.1 人类如何利用氢能

目前，人类能利用的氢能大多是用氢气（或液氢）做燃料所产生的能量。即在氧气（或液氧）、空气中直接燃烧，或者把氢气作为氢氧燃料电池的燃料时释放出的能量。目前，液氢已作为火箭发射的燃料（图 5-1）。以氢能为燃料的氢能汽车、氢能铁路机车，已成为科学研究的热门。

用氢燃料电池为居民小区供电，在宇宙飞船上用燃料电池供电，已经在某些实用研究中被实现。目前世界上结构最紧凑、动力强劲的新款燃料电池的动力密度可达到每升 1.75 千瓦。在欧洲马拉松式示范运行中，"氢动三号"燃料电池原型车从挪威北部出发，横跨欧洲 14 个国家，抵达葡萄牙卡博达里克市，行程 9696 公里，花费五周半时间，中途没有发生过意外停车、需要修理的情况。在超声速飞机和远程洲际客机上以氢作动力燃料的研究已进行多年，目前已进入样机试飞阶段。1960 年液氢首次用作航天动力燃料。航天飞机以液氢作为发动机的推进剂，以纯氧作为氧化剂。现在，氢已是火箭的常用燃料。目前，科学家正在研究"固态氢"宇宙飞船。固态氢既可作为飞船的结构材料，又可作为飞船的动力燃料。在飞行期间，飞船上所有的非重要零件都可以转作能源而被消耗掉。

氢能之所以被誉为"人类可持续发展的最佳选择之一"，是由于它和其他能源相比，有许多优点：

（1）利用形式多，适用范围广。氢既可以通过燃烧产生热能，在热力发动机中产生机械功，又可以作为燃料电池的燃料。氢燃料电池既可用于汽

图 5-1　用液态氢作为火箭燃料

车、飞机、宇宙飞船，又可用于分布式电源等其他场合。氢能管道可以代替煤气、暖气、电力管线而走进家庭生活。当然，用氢代替煤和石油，需要对现有的技术装备（包括内燃机）做一定的改造。

（2）燃烧性能好、热值高、燃烧产物对环境无污染。氢气的热值是所有化石燃料、化工燃料和生物燃料中最高的，为 142351 千焦/千克，约是汽油热值的 3 倍、酒精的 3.9 倍、焦炭的 4.5 倍。氢气与空气混合有广泛的可燃范围，燃烧速度快。氢气在空气中燃烧生成水和少量氮化氢，少量的氮化氢经过适当处理也不会污染环境，生成的水还可回收，循环使用。

（3）资源丰富，开发获取途径多。氢可以由地球上最为丰富的资源——水制得。如果把地球上海水（13.7 亿立方千米）中的氢全部提取出来（1.4×10^{17} 吨）用作燃料，燃烧所产生的总热量是地球上所有化石燃料放出热量的 9000 倍。此外氢气还可以通过生物质、风力、太阳能、核能来生产，可以算是非稀缺资源，将有利于削弱世界各国间因争夺化石能源而引起的政治和军事冲突。化石能源是一次能源，氢能是二次能源，可以直接大量贮存，便于机动性强的现代交通运输工具直接使用。

（4）氢气密度小，在 −252.7℃ 时，可成为液体，若将压力增大到数百个大气压，液氢就可变为金属氢。氢可以以气态、液态或固态的金属氢化物的形式存在，可以适应于贮运及各种应用环境。氢气的导热性好，比大多数气体的导热系数高出 10 倍，是能源工业中极好的传热载体。

（5）氢能源可以使用再生能源技术，因地制宜，分散地为各个小地区、团体甚至家庭分别提供能量，构成分布式能源系统。这就避免了建设大规模电力系统的投资与能源损耗，规避了潜在的安全问题。

目前，氢气作为燃料产生的氢能已被大力推广和应用，但还有诸多难题亟待研究解决。

5.3.2　利用氢气做燃料要解决的难题

利用氢气做燃料的诸多难题中最主要的是制氢成本高和贮氢密度小的问题。在各国科学家的努力下，关于这两个难题，目前已经有不少研究成果。

（1）研究廉价获得氢气的途径　氢气的来源，有三个主要途径：从水、化石燃料反应得到；用有机物发酵制得；此外，还可以回收某些化工过程的副产氢气或用其他含氢物质（如油气田开采的天然气中富含的硫化氢）来制氢。

①从水制氢。水是制氢的最廉价、最丰富的原料。但是，水直接热分解需要 4000K 以上的高温；利用太阳辐射能使水分解，但必须供给波长小于 500 纳米的光波，而太阳光中可见光和红外光约占 90％，紫外光只约占 8.7％，无法使水完全分解；电解水制氢气，消耗电量大（每立方米氢气电耗为 4.5～5.5 千瓦时），效率一般在 75％～85％。为了廉价地从水获得氢气，科学家在以下几个方面不停地探索。

一是改进电解水工艺和设备（包括电极材料），如采用固体高分子离子交换膜为电解池隔膜，采用高温高压参数以利反应进行；二是寻找利用廉价的电能，如利用水力发电、太阳能电池供电制氢；三是改变从水转化为氢气的反应途径。例如：

a. 采用热化学循环分解水制氢。在水分解反应系统中加入中间反应物，改变反应历程，这种方法能在较低温度下分解水，循环利用中间反应物。近年科学家已先后研发了 20 多种热化学循环法，有的已进入中试阶段。如热化学硫-碘循环制氢流程的主要反应如下：

$$2H_2O(l) + SO_2(g) + I_2(g) \underset{293\sim373K}{\rightleftharpoons} H_2SO_4(g) + 2HI(g)$$

$$2HI(g) \underset{573\sim773K}{\rightleftharpoons} H_2(g) + I_2(g)$$

$$H_2SO_4 \underset{673\sim773K}{\rightleftharpoons} SO_3(g) + H_2O(g)$$

化学世界漫步

$$2SO_3(g) \underset{\text{催化剂}}{\overset{1073K}{\rightleftharpoons}} O_2(g) + 2SO_2(g)$$

总反应：$H_2O(g) = H_2(g) + 1/2O_2(g)$

b. 利用光催化分解水制氢。在含有某些催化剂的反应体系中，光照可以促使水分解制得氢气。目前已知的含过渡金属氧化物的光催化剂大多只能吸收紫外光，为了能利用这些催化剂，必须寻找可行的方法，提高它对可见光的吸收能力，提高光催化活性，提高在催化剂表面上水中的 H^+ 还原为 H_2、O^{2-} 氧化为 O_2 的效率。

例如，目前使用的加有助催化剂、具有半导体催化性能的 TiO_2，它的催化制氢反应机理可表示为：

总反应：$H_2O \xrightarrow[\text{催化剂}]{h\nu} H_2(g) + 1/2O_2$

c. 利用微生物光分解水制氢。藻类主要是通过自身产生的脱氢酶，利用取之不尽的水和无偿的太阳能来产生氢气。近年来，已查明有 16 种绿藻和 3 种红藻有产生氢的能力。绿藻繁殖快，分布广。利用普通池塘进行绿藻产氢经济实用，加拿大已建成每天生产液态氢 10 吨的工厂。绿藻光解制氢反应，通常可分为两步：

第一步，系统通过光合作用吸收光能分解水：

$$H_2O \xrightarrow{h\nu} 2H^+ + 1/2O_2 + 2e^-$$

第二步，在厌氧条件下和在体内脱氢酶作用下，还原质子，产生氢气：

$$2H^+ + 2e^- \xrightarrow[\text{催化剂}]{\text{氢酶}} H_2$$

② 以煤、石油及天然气为原料制氢。这一途径是当今制取氢气最主要的方法，分为两条路线：煤的焦化（或称高温干馏）和煤的气化。制得的氢气主要作为化工原料，用于生产合成氨、合成甲醇等。而且近数十年里，煤地下气化得到重视。应用这一技术，煤资源利用率高，而且可以减少或避免地表环境破坏和环境污染。

此外，科学家正研究如何利用太阳能，在催化剂作用下使甲烷与水蒸气反应，使甲烷中的碳和水中的氧结合起来而释放出氢，得到氢气：

$$CH_4 + H_2O \longrightarrow CO + H_2$$

$$CO + H_2O \longrightarrow CO_2 + H_2$$

甲烷（CH_4）可从天然气、植物秸秆发酵得到，还有望从可燃冰的开采中获得。目前科学家正在尝试将纳米科技应用于此反应，在原子和分子水平

上调控反应的进行。

③ 利用生物质制氢。发酵生物在发酵过程生长的厌氧细菌、在通气条件下发酵和呼吸的兼性厌氧细菌、能进行厌氧呼吸的严格厌氧菌都可以利用各种碳水化合物、蛋白质来获取所需要的能量，同时发酵糖类、醇类、有机酸等产生氢气。一些国家在试验性生产中，采用活力强的产气夹膜杆菌，在容积为 10 升的发酵器中，经 8 小时发酵作用后，能产生约 45 升氢气，最大产氢气速度达每小时 18～23 升。

此外，利用生物质原料（如薪柴、锯末、麦秸、稻草等）在一定条件下发生气化或裂解反应，也可制得含氢的燃料气、水煤气。

从制氢的能源来源看，利用太阳能制氢是最理想的方法，可以把无穷无尽的、分散的太阳能转变成高度集中的干净能源。目前利用太阳能分解水制氢的方法有太阳能热分解水制氢、太阳能发电电解水制氢、阳光催化光解水制氢、太阳能生物制氢等。利用太阳能制氢是一个十分困难的研究课题，有大量的理论问题和工程技术问题待解决。

（2） 解决氢的储存和运输的难题　氢气易着火、爆炸，液氢极易气化。妥善解决氢能的储存和运输问题是利用氢能的关键，氢要被压缩和运输才能被最终使用。若用压缩冷却的方法储存氢气，困难且耗能。把氢气压缩到容积为 40 升的钢瓶中，加到 15.2×10^6 帕（150 个大气压）的压强时，钢瓶内才能容 0.5 千克的氢；将氢气冷却压缩为液态，所需能量相当于其燃烧能的 1/3～1/4。因此，储存和运输氢气必须使用其他方法。例如：

① 用海绵状的氢合金将氢储存起来，使用时储氢合金将氢放出。某些金属合金因其表面的催化或活化作用，能使氢分子分解成氢原子而进入金属内部。在储氢合金中，一个金属原子可以与 2～3 个甚至更多的氢原子结合，形成金属合金氢化物，但仍然保持合金的晶体结构。由于氢是以固态金属氢化物的形式存在的，氢气的密度要比同样温度压强条件下的气态氢大 1000 倍，相当于储存 1000 个大气压的高压氢气。例如，稀土系合金中的镧-镍（La-Ni）合金 $LaNi_5$。当 H_2 吸附在 $LaNi_5$ 表面上，H_2 的分子轨道和 Ni 的 d 轨道对称性匹配，相互叠加，Ni 的 d 电子进入 H_2 的分子轨道，使 H_2 分子的 H—H 键削弱，分解为 H 原子，并进入金属合金的内部，形成 $LaNi_5H_6$（该化学式中的氢原子数，最多可达 9 个）：

$$LaNi_5 + 3H_2 \underset{微热}{\overset{200～300kPa}{\rightleftharpoons}} LaNi_5H_6 \quad \Delta H = -31.77kJ/mol$$

1千克$LaNi_5$合金在室温和250×10^3帕压强下可储存15克以上的氢气。利用储氢合金设计的氢动力汽车也已问世。

　　利用$LaNi_5$等储氢合金对氢的优异选择性，将Ar、N_2、CO_2、CO、CH_4和H_2的混合气体与$LaNi_5$、$MnNi_5$多元系合金在加压条件下反应，氢被选择吸收，再加热解吸，可获得纯度为99.9999％的精制氢气。

　　民用的镍氢电池在充电时，负极上产生的氢气被储存在La-Ni合金上，当电池放电时，La-Ni合金释放氢气，再由氢气完成电化学反应。

　　② 某些金属氢化物可以随温度变化吸收储存或放出氢气。例如钒化氢，温度由25℃升高到200℃时，放出氢的压力由1.9个大气压急剧升高到870个大气压。

　　③ 碳纳米管吸附储氢。据理论推算和反复验证，科学家普遍认为，碳纳米管可逆储/放氢量在5％（质量密度百分比）左右，是迄今为止最好的储氢材料。

　　④ 将氢气经特殊处理溶解在液态材料中，实现氢能的常态化、安全化应用。

　　氢能源在各个生产、生活领域的利用还有不少具体的小问题亟待考虑、研究解决。例如，以氢能作为交通工具的能源来说，改用氢气做燃料的汽车，要解决结构和性能改造的技术问题，还要确保加气站能够提供保存高压气体或者低温液态氢的条件，同时还要注意安全问题。此外，还需考虑和解决氢能源普遍使用可能对环境产生的负面影响。有研究认为，氢气的大量使用，使渗漏进入大气平流层的氢气会大大增加，大气中的氢会增加4～8倍。这些氢在一定条件下被氧化成水，水雾将会增加气候变暖的程度，还将导致平流层温度降低，扰乱形成臭氧的化学过程，导致大气中的臭氧层遭到破坏。

5.3.3　氢氧燃料电池的研发

　　与把氢气作为燃料直接燃烧获得热能，再转化为其他形式的能量（如电能）相比，把氢气作为燃料电池的燃料，可以实现能量的高效转化。目前汽轮机或柴油机的效率最大值为40％～50％，当用热机带动发电机时，其效率仅为35％～40％，而燃料电池的有效能效可达60％～70％，理论能量转换效率可达90％。

　　氢氧燃料电池是一种化学电源，工作时需要外界连续地向其供给燃料和

氧化剂，使氢气燃料发生氧化还原反应，将化学能直接转化为电能。氢氧燃料电池由3个主要部分组成：燃料电极（负极）、电解液、空气/氧气电极（正极）。电极多是由铁、镍等惰性微孔材料制成，它们有利于气体燃料及空气或氧气通过，电极材料不参与化学反应。氢氧燃料电池工作时，将氢气输送到负极，将氧气输送到正极，氢气和氧气在电池内部发生电化学反应，使化学能转化为电能。在负极，氢气分子的氢原子失去电子，转化为氢离子进入电解液。电子流通过外电路转移到正极，同时在正极，氧气中氧原子结合电子，并与电解液中的氢离子结合生成水。氢氧燃料电池不仅能量转化率高、比能量高，而且使用方便、环境污染小、工作噪声低。表5-1介绍了目前已经研发出来的氢氧燃料电池的主要类型。

表 5-1　氢氧燃料电池主要类型

分类方法	燃料类型			电解质类型				
	直接型	间接型	再生型	碱性燃料电池（AFC）	磷酸型燃料电池（PAFC）	固体氧化物燃料电池（SOFC）	熔融碳酸盐燃料电池（MCFC）	质子交换膜燃料电池（PEM-FC）

（1）再生型氢氧燃料电池将电解水技术与氢氧燃料电池技术相结合，H_2、O_2 可通过水的电解过程得以"再生"，起到蓄能作用。

燃料电池在正、负极上发生的电极反应与电池的电解质溶液的性质紧密联系着。

当电解质溶液呈弱酸性或弱碱性，接近中性时，两极的反应是：

负极：$2H_2 - 4e^- = 4H^+$　　　　正极：$O_2 + 4e^- + 2H_2O = 4OH^-$

当电解质溶液呈酸性时，两极的反应是：

负极：$2H_2 - 4e^- = 4H^+$　　　　正极：$O_2 + 4H^+ + 4e^- = 2H_2O$

当电解质溶液呈碱性时，两极的反应是：

负极：$2H_2 - 4e^- + 4OH^- = 4H_2O$　　　正极：$O_2 + 4e^- + 2H_2O = 4OH^-$

（2）碱性燃料电池是技术发展最快的一种电池，主要为空间任务（包括航天飞机）提供动力和饮用水。碱性氢氧燃料电池用30%～50%KOH为电解液，在100℃以下工作。燃料是氢气，氧化剂是氧气。

碱性燃料电池的工作温度低，启动快，它是燃料电池中生产成本最低的一种电池，但其电力密度不太高，可用于小型的固定发电装置。

（3）质子交换膜燃料电池采用聚合物离子膜技术，其设计原理基本与碱性燃料电池相似。它以磺酸型质子交换膜为固体电解质，工作原理如图5-2所示。在电池内部，质子交换膜为质子的迁移和输送提供通道，使得质

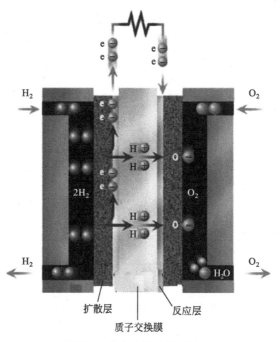

图 5-2　质子交换膜燃料电池

子经过膜从阳极到达阴极，与外电路的电子转移构成回路，向外界提供电流，因此质子交换膜的性能对燃料电池的性能起着非常重要的作用，它的好坏直接影响电池的使用寿命。质子交换膜燃料电池具有工作温度低、启动快、比功率高、结构简单、操作方便等优点，被公认为电动汽车、固定发电站等的首选能源，在军用特种电源、可移动电源等方面也有广阔的应用前景。

（4）磷酸燃料电池是当前商业化发展得最快的一种燃料电池。这种电池使用液体磷酸为电解质，通常位于碳化硅基质中。磷酸燃料电池的工作温度要比质子交换膜燃料电池和碱性燃料电池的工作温度略高，位于 150～200℃，但仍需电极上的白金催化剂来加速反应。其阳极和阴极上的反应与质子交换膜燃料电池相同，但由于其工作温度较高，所以其阴极上的反应速度要比质子交换膜燃料电池速度快。磷酸燃料电池构造简单、稳定，电解质挥发度低。磷酸燃料电池可用作公共汽车的动力，还可以为医院、学校和小型电站提供动力。

（5）熔融碳酸盐燃料电池是由多孔陶瓷阴极、多孔陶瓷电解质隔膜、多孔金属阳极、金属极板构成的燃料电池，其电解质是熔融态碳酸盐。反应原理如图 5-3 所示。

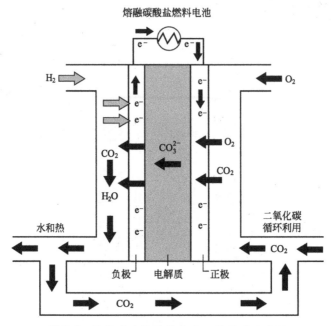

图 5-3 熔融碳酸盐燃料电池工作原理示意图

电极反应为：

阴极：$O_2 + 2CO_2 + 4e^- \longrightarrow 2CO_3^{2-}$

阳极：$2H_2 + 2CO_3^{2-} \longrightarrow 2CO_2 + 2H_2O + 4e^-$

总反应：$O_2 + 2H_2 \longrightarrow 2H_2O$

熔融碳酸盐燃料电池是一种高温电池（600～700℃），具有效率高、噪音低、无污染、燃料多样化等诸多优点，可以建成绿色电站。

（6）固体氧化物燃料电池采用固体氧化物作为电解质，在高的工作温度下电池排出的高质量余热可以充分利用，使其综合效率由50%提高到70%以上；它的燃料适用范围广，最适合于分散和集中发电。其工作原理如图5-4所示。

（7）镍氢电池实际是镍-金属氢化物电池。镍氢电池中，镍作正电极，负电极采用储氢材料 La-Ni 合金（或 Ti-Ni 合金）。充电时，负极上产生的氢气被储存在 La-Ni 合金上，形成储氢合金的金属氢化物。电池放电时，La-Ni 合金释放氢气，再由氢气完成电化学反应。

电池反应为：

$$MH + NiOOH \underset{充电}{\overset{放电}{\rightleftharpoons}} Ni(OH)_2 + M$$

上式中 MH 表示储氢合金的金属氢化物，M 表示储氢合金。

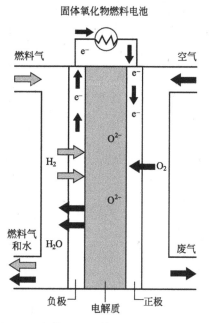

图 5-4　固体氧化物燃料电池工作原理示意图

5.4　新兴的氢气生物医学研究

　　氢气不仅在能源领域引人注目，成为科学研究、生产、生活中的热点问题，而且在其他工业领域（如材料开发研制）乃至医学领域也成为倍受关注的角色。

　　氢气生物医学是一门全新的学科领域。宇宙中氢的含量丰富，但空气中氢含量极少（体积百分比约为 0.00006%）。氢气在水中溶解度低，不能被动物和人大量吸收。研究发现，人体大肠内的细菌可以产生少量氢气，目前的普遍观点认为来自肠道的氢气可能对人体健康有利。人们陆续发现了一些事实，说明氢气对人体健康可能存在着影响，氢气对某些疾病具有潜在的治疗作用。

　　20 世纪末，一些日本企业受到朝日电视台关于德国诺尔登瑙泉水因含氢气可治疗疾病报道的启发，制造了人工富氢气水投放市场。一些患者喝了这种水获得了不可思议的治疗效果。有企业给日本医科大学老年病研究所的一个研究小组提供经费，希望通过他们的研究能找到氢气治疗疾病的理论依据。2007 年该小组发表了第一篇研究成果报告，报道了利用呼吸 2% 的氢气，通过选择性抗氧化方法，治疗大鼠脑缺血的实验研究。若上述研究成果

属实，抗氧化治疗疾病将成为一种全新的疾病治疗理念。

此后，关于氢气生物学效应的研究很快成为国际热点。2009 年，日本成立了国际上第一个氢气生物学学会，该学会定期举办学术年会。我国也于 2007 年开始了这一研究。截止到 2014 年 8 月，国际上相关研究论文有 500 篇左右。目前的研究发现，含氢气的水对 80％以上的老年便秘患者有非常明显的效果，对恶性肿瘤治疗副作用、尿毒症、动脉硬化和代谢综合征患者都具有明显效果。如果这些现象确定无疑，那么氢气在控制人类慢性疾病方面肯定会带来难以估量的贡献。

人体摄取氢气的方式有呼吸、饮氢气饱和水、注射氢气生理盐水、点滴和透析液中溶解氢气，还可以通过服用一些药物诱导身体内胃肠道细菌产生更多氢气。研究发现，饮用的氢气水首先被胃肠道吸收，然后经过肝脏、心脏和肺释放一部分后才能进入其他器官发挥作用。氢气在动物和人体内有效存留时间不超过 10 分钟，作用时间非常短暂。但是，氢气水却有明显的治疗效果，有时候比呼吸氢气的效果更理想。目前尚不知道人体内是否存在携带氢气的机制。

氢气具有一定的还原性，但大部分生物学家一直认为，氢气在生物体内不能表现出还原性，不会与生物体内的任何物质发生反应，属于生理性惰性气体。20 世纪 70 年代以后，陆续有研究发现氢气在动物和人体内表现有抗氧化、抗炎作用。2007 年有研究者发现氢气溶解在液体中可选择性中和体内的具有强毒性活性的羟基自由基和亚硝酸阴离子，而后两者是氧化损伤的最重要介质。作为一种选择性抗氧化物质，氢气对不少疾病具有治疗作用，它可能是一种新的生物活性分子。

NO 是人体内的气体信号分子，具有扩张血管、抑制血小板聚集等多种生理学效应，NO 浓度过度增加也会表现出毒性。NO 可以通过亚硝酸阴离子间接引起蛋白质残基酪氨酸硝基化，使体内多种有重要功能的酶/蛋白功能受损或活性下降，损伤线粒体、DNA，抑制酪氨酸磷酸化，诱导细胞的凋亡和死亡。而研究发现氢气具有信号调节作用，可以抑制 NO 诱导的硝基酪氨酸增加。此外，还有研究者认为氢气可以调节基因表达。

人们至今并没有完全清楚氢气在体内产生作用的机制。研究者的上述看法大多缺乏直接证据，也受到质疑。现在已发表的氢气治疗疾病的研究，大多数都是小规模的初步效应观察，缺少临床研究数据，不足以作为氢气治疗疾病的有效依据。人通过呼吸、注射或饮水获得氢气，是否会产生毒性作用，还有待于深入研究。

6

氢、氧元素二三事(下)

氧气是人类和绝大多数生物生存不可缺少的物质。和氢元素一样，人们对氧元素的认识，也是随着时代的发展，不断地趋于深入。关于氧元素也不断有新的精彩的故事出现。

6.1 人体血液中溶解的氧气能满足人体的需要吗

氧气在水中溶解度很小。常压下（空气压力）、37℃时，在含 21%（体积分数）氧气的空气中，1 升水大约可溶解 4.8 毫升氧气。一个成年人在安静时（人体的基础代谢率低，能量消耗少）需氧量在每分钟 200～300 毫升。如果 1 升血液溶解的氧气只有 4.8 毫升，就无法满足生命活动的需要。实际上，正常人的 1 升血液里溶解的氧气体积是 150～230 毫升（平均 190 毫升），几乎是在同样条件下能溶解在水中的氧气量的 50 倍。这是为什么呢？

人体血液里有血红蛋白（缩写为 Hb 或 HGB），它能与氧气结合，从而大大提高了氧气在血液中的溶解量。在人的动脉血里，如果 1 升血液溶解氧气 190 毫升，其中约 187 毫升氧气是与血红蛋白结合的，只有约 3 毫升是以分子状态分散在血液中的。在 0.1 升血液中，血红蛋白的含量为 11.3～13.6 克。在正常的氧气分压下，1 克血红蛋白能结合 1.34 毫升氧气。正常人血液中所能结合和输送的氧气量可以满足生命活动的需要。如果血液中血

红蛋白含量不足，溶解在血液中的氧气将减少，会影响生命活动的正常进行。大气中氧气的含量要达到 $17\%\sim25\%$，人才能正常生活。如果空气稀薄，氧气分压太低，溶解在血液中的氧气也会减少。氧气含量降低到一定程度，人无法靠加快呼吸来维持血液中足够的氧气，也会影响生命活动的正常进行。

那么血液中和血红蛋白结合的氧是怎么释放出来供人体需要的呢？

血红蛋白是使血液呈红色的蛋白。它由四条多肽链（珠蛋白）组成，两条 α 链和两条 β 链，每条链有一个包含一个铁原子的环状血红素（图 6-1）。血红素中的铁在二价状态时，可与氧结合形成氧合血红蛋白，呈鲜红色，与氧分离后带有淡蓝色。如果铁氧化为三价状态，血红蛋白则转变为高铁血红蛋白，就失去了载氧能力。

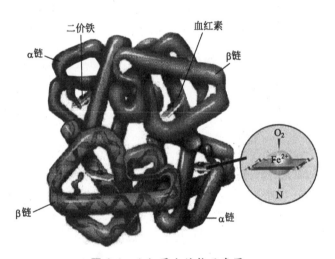

图 6-1　血红蛋白结构示意图

人体血液中的血红蛋白和氧的结合是一个可逆过程（图 6-2）。血红蛋白中铁（Ⅱ）与氧分子的结合能力取决于环境中的氧分压。血红蛋白能从氧分压较高的肺泡中摄取氧，并随着血液循环把氧气释放到氧分压较低的组织中去，从而起到输氧作用。

除了运载氧，血红蛋白还可以与二氧化碳、一氧化碳、氰离子结合，结合的方式也与氧完全一样，但结合的牢固程度不同。一氧化碳的浓度即使很低，也能优先和血红蛋白结合。一氧化碳、氰离子一旦和血红蛋白结合就很难分离，使血红蛋白失去和氧分子结合的能力，致使通往组织的氧气流中断，造成一氧化碳中毒和氰中毒，使人窒息死亡。血红蛋白还可以与二氧化

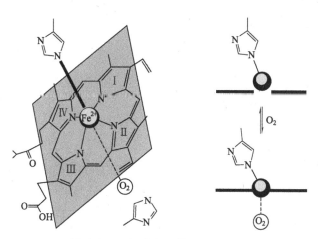

图 6-2　血红蛋白和氧的可逆结合

碳发生可逆结合，因此它又能携带组织代谢所产生的二氧化碳，经静脉血送到肺，再排出体外。

6.2　高压氧有医疗作用吗

　　氧气较难溶解于水中，人体需要依赖血红蛋白结合氧气才能满足组织对氧气的需要。普通的吸氧由于氧分压限制，很难大幅度提高机体摄取氧气的能力。有人认为高压氧可以大幅度提高溶解氧气的比例和"纠正组织缺氧"的能力。因此，由于组织缺血缺氧引发的疾病，就可以使用高压氧治疗。

　　当高压氧的压力超过部分组织（如肺组织）的耐受程度，长时间持续呼吸高压氧，会导致组织氧化损伤。为避免发生损伤，利用高压氧治疗缺氧要采用间歇性供氧，并将压力限制在一定范围内。例如，每天呼吸 1～2 次，压力低于 2.5ATA（绝对气压），持续时间 1～2 小时。近些年，有人认为，高压氧治疗疾病可能不只是纠正缺氧那么简单，人体作为一种复杂的生物系统，对外来不良刺激有固有的适应能力，高压氧也有可能成为这种不良刺激的一种类型。许多临床的研究表明，高压氧治疗并不是那么有效。

　　近来有研究表明，高压氧对紫外线引起的皮肤细胞增殖和凋亡有显著的抑制效果，对皮肤皱纹变深有明显的抑制作用。对一些可能暴露在过度紫外线照射的人群，使用高压氧不失为一种理想的方法。研究者还观察到紫外线暴露可以引起肝脏组织的氧化应激，而高压氧也可以限制这种应激。有人认

6　氢、氧元素一二三事（下）

为高压氧有美容效果，也有人甚至把高压氧作为治疗百病的良药，但这些观点并没有明确的客观证据。

6.3 臭氧是魔鬼还是保护神

大气层中的臭氧，主要集中在中高空平流层，但是，在近地面也存在臭氧（图6-3）。集中在中高空平流层的臭氧，能够大量吸收从太阳来的紫外线，就像撑了一把伞一样保护着地球上人类和其他生物的生存。但是，近地面的臭氧却是危害很大的污染物，对人类健康和生态环境产生诸多影响（图6-4）。因此，有人说臭氧"在天是佛，在地是魔"。

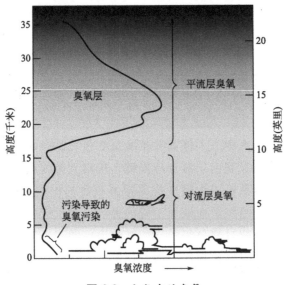

图6-3 大气中的臭氧

6.3.1 近地臭氧是大气污染物

臭氧的氧化性比氧气更强，如果你走在车水马龙的大街上，觉得空气带着浅棕色，还伴随着辛辣刺激的味道，这说明空气中产生了光化学烟雾。臭氧是形成光化学烟雾的主要因素之一。

近地面的臭氧大多属于二次污染物。汽车尾气、工厂排放的烟雾中有着

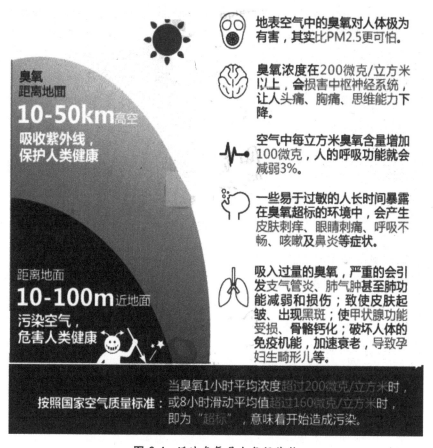

图6-4　近地臭氧是大气污染物

大量的氮氧化物和挥发性有机化合物，在高气温和强太阳辐射等适宜气象条件下，这些化合物与氧发生化学反应生成了臭氧。

臭氧存在的时间性和季节性都很明显。臭氧浓度在清晨是非常低的，8时以后，随着形成臭氧的废气越来越多，日照时间越来越长，臭氧浓度也逐渐升高，于14时到16时之间达到峰值，之后再缓慢降低，到晚上8时后，臭氧浓度又恢复了最低状态。一年之中，臭氧浓度的最高峰集中在夏季。这期间，对臭氧的形成可谓是"天时地利人和"：日照强、云量少、风力弱。这就是看似风和日丽的天气里，人们游玩时却会出现喉咙、眼、鼻不适的原因。在地区分布上，城市郊区、风景区的臭氧浓度往往比市中心高，特别是当郊区处于城区下风向的时候。电机运转中放出的火花、静电复印及电视机的工作过程，都会使空气中的部分氧气转变为臭氧。机电房、静电复印机房、计算机机房等都是臭氧聚集地，要注意通风。还有一种"室内"也是臭

氧集中地——飞机座舱。机舱里的臭氧主要来自大气环境，臭氧层主要分布在高空 10～50 千米的大气层中，而民航飞机的飞行高度一般是 7～12 千米。

臭氧这种看不见的污染不容小视。目前，从全国来看，北方臭氧污染每年有 1 个峰值，而南方则每年有 2 个峰值，甚至新疆、西藏等地区也面临臭氧污染问题。据我国 74 个城市空气质量统计显示：2015 年 6 月所有超标天数中，以臭氧为首要污染物的天数最多，超过了以 PM2.5 为首要污染物的天数。另据媒体报道：2015 年 6 月至 8 月京津冀地区的近半数污染日内，臭氧均代替 PM2.5 成为空气首要污染物。2016 年，我国环保部空气质量日报的统计数据显示，从 5 月到 6 月，全国很多地方天气晴好，雾霾少见，但臭氧却成为多地的大气首要污染物。北京、南京、郑州、上海四城市，在 5 月 3 日到 6 月 1 日期间，出现 PM2.5 污染的天数依次为 2、3、1、7 天，而出现臭氧污染的天数却依次达到 24、22、20、16 天。

不少科学家认为臭氧其实比 PM2.5 更可怕。臭氧几乎能与人体中的任何生物组织反应（图 6-5）。臭氧会刺激和损害鼻黏膜和呼吸道，这种刺激，轻则引发胸闷咳嗽、咽喉肿痛，重则引发哮喘，导致上呼吸道疾病恶化，还可能导致肺功能减弱、肺气肿和肺组织损伤。因此，对患有气喘病、肺气肿和慢性支气管炎的人来说，只要暴露在低浓度的臭氧中，都可能对他们产生明显的危害。臭氧也会刺激眼睛，使视觉敏感度和视力降低。它也会破坏皮肤中的维生素 E，让皮肤长皱纹、黑斑。当臭氧浓度在 200 微克/米^3 以上时，会损害中枢神经系统，让人头痛、胸痛、思维能力下降。此外，臭氧会阻碍血液输氧功能，造成组织缺氧；使甲状腺功能受损、骨骼钙化。臭氧还会破坏人体的免疫机能，诱发淋巴细胞染色体畸变，损害某些酶的活性和产生溶血反应。

臭氧会让植物的叶绿素、类红叶素和碳水化合物浓度降低，对光合作用产生影响，从而降低农作物的产量。

臭氧还会跟其他污染物"联合作业"。比如，臭氧会加强 PM（可吸入颗粒物）对人体的危害，而 PM 也会加强臭氧的危害性。

由于臭氧的危害日益明显，国际上对于臭氧的安全标准越来越严格。欧盟规定的臭氧"日最大 8 小时平均值"，已于 2010 年下降到了 60 毫摩尔/摩尔（约等于 120 微克/米^3），而且一年中平均值超过这个标准的天数不能多于 25 天。我国 2012 年新修改的《环境空气质量标准》也增加了关于臭氧的控制标准：日最大 8 小时平均值为一级 100 微克/米^3，二级 160 微克/米^3。

化学世界漫步

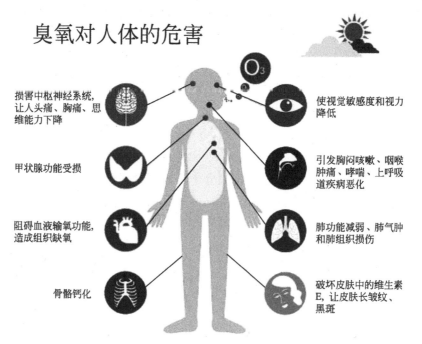

臭氧对人体的危害

损害中枢神经系统，让人头痛、胸痛、思维能力下降

甲状腺功能受损

阻碍血液输氧功能，造成组织缺氧

骨骼钙化

使视觉敏感度和视力降低

引发胸闷咳嗽、咽喉肿痛、哮喘、上呼吸道疾病恶化

肺功能减弱、肺气肿和肺组织损伤

破坏皮肤中的维生素E，让皮肤长皱纹、黑斑

图 6-5 臭氧对人体的危害

同时，对臭氧的监测也不容易，在我国臭氧与 PM2.5 交织，相互作用，治理难度大，其综合治理措施需进一步研究探索。相关专家认为，要把能引起臭氧生成的物质纳入国家减排指标，制定针对挥发性有机化合物、氮氧化合物的总量控制规划；还应该把臭氧与 PM2.5 治理结合起来，综合考虑，同时还要考虑臭氧对全球变暖问题产生的影响。

6.3.2 高空臭氧层是地球的保护伞

高空臭氧层处于平流层（海平面以上 15～50 千米的大气层），它是由高空氧气在太阳辐射的作用下产生的。

太阳光谱中能量较高的紫外光谱穿过宇宙到达地球的大气层，依次经过外大气层、热层、中间层、平流层、对流层到达地面。其中波长较短（200～280 纳米）、能量较高的紫外辐射经过大气层可完全被氧气、臭氧吸收，波长 280～320 纳米的紫外辐射多数被臭氧吸收，只有波长在 320～400 纳米的紫外辐射可以穿过大气层较多的到达地面。太阳辐射的能量也逐渐降低。

地球大气上界的大约 50% 的太阳辐射能量在可见光谱区域（波长 400～700 纳米），7% 在紫外光谱区（波长 200～400 纳米），43% 在红外光谱区

（波长 700～3200 纳米）；而到达地面的太阳辐射能量比大气上界小得多，其中分布在红外光谱区的部分增至 53%，可见光谱区减少到 44%，而紫外线仅占 3%。

在平流层，紫外辐射引发下述 4 个反应的循环发生：

（1）氧气分子吸收波长不超过 242 纳米的紫外辐射，分解成两个氧原子：

$$O_2 \xrightarrow{h\nu} 2O$$

（2）上述反应生成的氧原子与氧分子迅速结合成臭氧分子：

$$O + O_2 \longrightarrow O_3$$

（3）上述反应生成的臭氧分子吸收波长不超过 320 纳米的紫外辐射，分解成氧分子和氧原子：

$$O_3 \xrightarrow{h\nu} O + O_2$$

（4）一些臭氧分子还可与氧原子结合生成两个氧分子，发生慢反应，消耗氧原子和臭氧：

$$O + O_3 \longrightarrow 2O_2$$

从理想状态分析，在海拔 15～35 千米的大气中，上述反应循环进行，形成一个平衡状态，O_3、O、O_2 的浓度没有净变化。在厚约 20 千米的这层大气里，臭氧浓度相对较大，最高可达 12 毫升/米^3（而对流层的臭氧浓度只有 0.02～1 毫升/米^3，地球表面附近的臭氧浓度由于光化学烟雾较大些）。这里集中了大气所有臭氧的 90%，这层大气被称为臭氧层。在臭氧层中心，一个臭氧分子在分解为氧分子和氧原子之前，寿命可达几个月。

臭氧层中的氧气和臭氧能吸收紫外辐射，使达到地面的紫外辐射大大减少，从而大大减弱紫外辐射的危害。由于人类活动的影响，特别是超音速飞机释放的一氧化氮气体和人工合成的氟氯烃进入平流层，造成了臭氧层中臭氧浓度的降低，形成臭氧空洞（图 6-6），导致达到地面的紫外辐射增多，波长稍短的紫外辐射到达地面可以引发人类皮肤变黑、灼伤，甚至引起基因突变和癌变。

例如，在平流层氟氯烃吸收波长不超过 220 纳米的紫外辐射产生氯原子游离基，后者与臭氧分子作用，转化为氧分子和 ClO·游离基，并发生如下的一系列连续反应：

$$CF_2Cl_2 \xrightarrow{h\nu} Cl\cdot + CF_2Cl\cdot$$

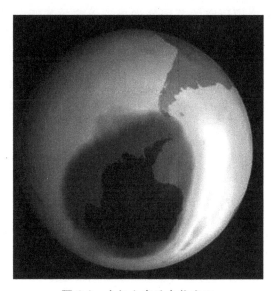

图 6-6　南极上空的臭氧空洞

（2000 年资料）

$$O_3 + Cl\cdot \longrightarrow ClO\cdot + O_2$$

$$2ClO\cdot \longrightarrow ClOOCl$$

$$ClOOCl \xrightarrow{h\nu} ClOO\cdot + Cl\cdot$$

$$ClOO\cdot \longrightarrow Cl\cdot + O_2$$

上述各步反应的总反应是：$2O_3 \longrightarrow 3O_2$

反应过程中 $Cl\cdot$ 没有消耗，一个 $Cl\cdot$ 平均可以催化分解 10^5 个 O_3。

NO 对臭氧层的破坏，也相当于催化作用，可用下列反应简单表示：

$$NO + O_3 \longrightarrow NO_2 + O_2$$

$$O_3 \xrightarrow{h\nu} O + O_2$$

$$NO_2 + O \longrightarrow NO + O_2$$

上述各步反应的总反应为：$2O_3 \longrightarrow 3O_2$

　　为了保护臭氧层，人们做出了巨大努力。在联合国环境规划署的发起下，各国于 1985 年制订了《保护臭氧层公约》，接着于 1987 年制订了关于处理某些耗损臭氧层物质的《蒙特利尔议定书》，限制生产和使用氟氯烃。

　　经过了全球范围内的多年努力，科研人员于 2011 年发现了南极臭氧空洞缩小的迹象。世界气象组织在 2014 年发布的一份评估结果也认为南极臭氧空洞正在缩小。据《人民日报》2016 年 7 月 4 日报道，"一个国际研究小组在新一期美国《科学》杂志上报告说，观察显示南极上空的臭氧空洞确实

在大幅缩小。参与这项研究的美国麻省理工学院的苏珊·所罗门说，通过综合分析卫星、地面观察设施、观测气球等途径获取的数据，发现 2015 年 9 月南极上空的臭氧空洞相比 2000 年 9 月，已经缩小了 400 万平方公里，这一数字比印度的面积还大。这项最新研究结果再次有力地证实了南极臭氧空洞缩小的现象。这也说明人类社会禁止排放氯氟烃的努力得到了成效。"

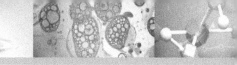

奇异的水

水是人们再熟悉不过的，为什么这里把水说成是奇异的物质？确实，日常生活中每个人都要饮用、使用水。有关水的知识，人人都可以说出一堆。但是，还有许多关于水的问题，不那么好理解，有些问题即使当代科学家也还没有完全搞清楚。

例如：为什么说"没有水就没有生命"？地球上的水是从哪里来的？液态水中，水分子间存在怎样的相互作用？水分子间存在特殊的作用力——氢键，那么，若干个水分子可以彼此结合形成小分子团吗？我们身体里的水，是由单个水分子组成的吗？

商业广告说，活性水、碱性水最适合于饮用，最有利于人的健康，真有这样的水吗？

有人用实验证实热水比冷水会更快结冰，这该怎么解释呢？

日本有个科学家声称水能感受、记录文字、声音、图像，以及人的心理变化和情感活动，还出了书《水知道答案》。这本书也被译成中文在我国出版，也受到一些人的推崇，书中所说的是事实吗？

……

7.1 水的分子结构决定了它的特性

液态水有许多其他物质所没有的特性，这些特性赋予水许多独特的作用。表7-1介绍了水的一些重要特性。

表 7-1　水的一些重要特性

性质	作用和重要性
可以溶解许多无机化合物，特别是极性化合物	是优良溶剂，在生物体内输送营养物质和排泄物，生化过程在水介质中进行
表面张力比任何其他液体（除汞外）都高，达到 73 达因/厘米³	具有生理学上的控制因素，能控制水的滴落，产生种种表面现象
极性化合物，介电常数比任何一种纯液体都高	对离子化合物具有高溶解性，并能使之完全电离成自由移动的水合离子
极弱电解质，只发生微弱电离，生成等量氢离子和氢氧根离子	纯水几乎不导电，常温下 pH 为 7，呈中性
能透过可见光和紫外线的长波部分，呈无色	太阳光能达到水体相当深处，满足水生植物和藻类光合作用的需要
液态水在 3.98℃时，具有最大密度	固态水（冰）能浮于水面，限定在分层水体里进行垂直循环
汽化比热比任何其他物质都高，达 585 卡/克（20℃）	影响大气和水体之间的热和水分子的转移，使水体温度和周围地区气温相对稳定，使水生物免受温度急剧变化带来的伤害
熔化热比任何其他液体（除氨外）都高	处于冰点时温度相对稳定
比热容比任何其他液体（除氨外）都高，达每度每克 1 卡	对生物的体温和地理区域的气温起稳定作用

　　物质的性质决定于它的组成和结构。水的上述特性和它的组成和结构有什么关系呢？

　　单个水分子的结构可以用图 7-1 表示。每个水分子由两个氢原子和一个氧原子结合而成。每个氢原子和氧原子靠一对共用电子对，形成一个共价单键。水分子中三个原子在空间成等腰三角形排列。H—O—H 键角为 104°45′，O—H 键键长是 0.096 纳米，两个氢原子核间距为 0.514 纳米。水分子中，正负电荷分布不均匀，所以水是极性分子。负电荷相对集中于氧原子周围，氧一侧带负电，两个氢原子一侧带正电。

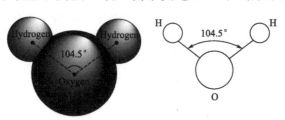

图 7-1　水分子的结构示意图

　　物质的分子间存在着作用力（范德华力）。极性的水分子的分子间作用力比较大，水分子中的氢原子显正电性，能和其他水分子中显负电性的氧原子相互吸引，还能形成被称为"氢键"的作用力。液态水和固态水（冰）中都存在氢键（图 7-2）。正是由于水分子有很大的极性，分子间能形成氢键，分子间作用力较强，所以水的内聚力很大。要使固态水（冰）熔化，液态水气化，就要破坏水分子间的氢键，克服水分子间的作用力，需要消耗较多的能量。水的比热容大，汽化热和熔化热高，所以有较高的沸点和熔点。

水分子还能和某些其他物质分子形成氢键。如果溶解于水的物质分子与水分子之间能形成氢键，则它的溶解度会骤增。例如，由于水分子和氨分子可以通过氢键互相结合形成氨的水合物，氨在水中的溶解度特别大，在 20℃时，1 体积水能吸收 700 体积的氨。乙醇、乙二醇、丙三醇等分子也能和水分子形成氢键，所以它们都可与水以任意比例混溶。

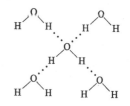

图 7-2　水分子间存在氢键

离子晶体溶解在水中，阴、阳离子在极性水分子的作用下，离子间作用力被削弱，水分子和离子间的作用力超过阴阳离子间的作用力，阴阳离子被水分子所吸引，从晶体上脱落，溶解在水中，形成自由移动的水合离子。

物质表面能的大小和分子间作用力大小有关。液体表面分子受到内部分子的吸引力，向液体内部挤压，能量较高，有使表面自动缩小的趋势。水分子间的氢键的存在，大大增加了水分子间的作用力，使水的表面张力增大，也因为这个原因水滴总形成球状。

7.2　为什么说没有水就没有生命

水的这些性质特点，使水在人体中能发挥各种独特的作用。食物中的营养成分在人体内必须溶解于水才能被消化吸收，体内各种代谢废物及有害产物必须溶于水才能被排泄到体外。水在人体内溶解了多种物质，形成含多种有机物和无机物的溶液，构成人的体液。体液广泛分布于组织细胞内外，构成人体的内环境，为细胞内外进行各种物质代谢提供合适的环境。人体内各种化学反应无一不是在体液中进行的。水不仅是运输营养物质进出细胞的介质，也是生化反应的反应物、生成物。

水参与着体温的调节，身体缺水会引发中风、心肌梗死、便秘、关节痛等各种疾病，一个人若失去占体重 15％～20％的水，生命将终结。人体衰老的过程就是细胞水分逐渐减少的过程，细胞水分的减少伴随而来的是细胞的萎缩、弹性降低，人体随之出现皱纹，一部分器官缩小，老年人的身材因此逐渐萎缩。

综上所述，没有水就没有生命。

7.3 液态水和固态水的结构之谜

我们天天用水、喝水，但是液态水的结构、冰的晶体结构，我们并不完全了解。被大家认可的看法是，每个水分子可以同邻近的 4 个水分子形成 4 个氢键，按一定的角度彼此连接。而在冰晶体中由于水分子间形成氢键，可以形成三维晶体（图 7-3）。冰晶体中有较大空隙，使冰的密度（0.92 克/厘米³）小于 1 克/厘米³，因此冰可以浮在水面上。

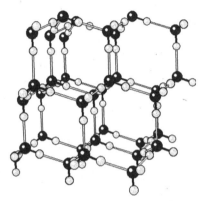

图 7-3　冰晶体中水分子间的氢键

2004 年 4 月，中科院物理所王恩哥小组在近几年对水的一系列的研究工作基础上，首次发现一种新的二维冰结构（图 7-4）。它在构型上完全不同于已知构型状态的冰。这种形态的冰可以在室温下稳定存在。它是由水分子以氢键连接形成的四角形和八角形网格组成的。研究人员把这种新的冰结构命名为镶嵌冰。该二维冰相中存在两种不同的氢键。一部分水分子靠较强的氢键连接形成四角形的水分子环，相

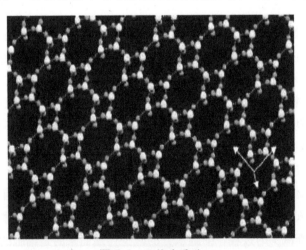

图 7-4　二维冰晶体

化学世界漫步

邻的四角形水分子环之间通过较弱的氢键作用连接成八角形网格。这项成果不但丰富了人们对冰的认识，而且为人们深入探索水与表面的相互作用规律和解释相关的物理性质开辟了新的途径。

液态水中，一定数目的水分子以氢键结合形成多聚体，缔合成"水分子团簇"。水分子团簇不是一个大分子，而是若干水分子靠范德华力、氢键作用力的作用彼此结合成一个水分子团，好似一个超分子。这种团簇结构是一种动态结构，不断有水分子加入，也不断有水分子离开。在常温下水中的氢键可以聚集到约100个水分子。水气化形成气态水时，水分子间氢键几乎都被破坏，水大多以单分子存在，间或有二聚体，很少有三聚体。

在温度升高、冰熔化的过程中，一方面由于水分子热运动加剧，分子间间隔增大，使水的体积膨胀、密度减小；另一方面，温度升高，氢键逐渐解体，部分水分子填充到还存在的晶体空隙中去，使水的体积缩小，密度增大。在0～3.98℃，后一种效应占优势，体系密度逐渐增大；温度升高到3.98℃，水分子大多以二分子缔合形式存在，密度达到1克/厘米^3；温度继续升高，缔合的水分子越来越少，热运动加剧的影响使水的密度减小；到达水的沸点时，仅少数分子缔合，大部分水分子以单分子形式存在。温度降低，水分子又可能回复到原来的分子团结构。

2003年，美国科学家阿格雷和麦金农因发现细胞水通道只允许2纳米以下的水分子团或负离子团通过而荣获诺贝尔奖。这项研究表明只有饮用具有单分子或微分子团结构的水才能使水分直接进入人体细胞，参与生命活动，才能让细胞的新陈代谢顺利进行。从20世纪30年代开始，不少科学家在积极地研究水的结构，但到目前并没有确定的研究结论。

7.4 "小分子团水"的结构之谜

由于氢键存在，液态水中水分子能彼此结合成水分子团簇$(H_2O)_n$。小分子团簇中水分子数的多少，决定了形成的水分子团簇的大小。水的温度、溶解在水中的其他离子浓度、水的pH、外界施加的能量都会影响水分子团簇的大小。电场、磁场、声波、射线、红外线、压力等也会引起水分子团簇的结构变化。

1959年，有科学家提出了具有空隙的水分子簇状结构；1975年，有两位科学家提出了水的环状结构；2000年以后，有人提出了由280个水分子组成的二十面体结构。从2000年到2013年，越来越多的有关水分子簇结构的论文在著名的《科学》和《自然》杂志上发表。

有的研究认为，结构化小水分子簇也可以在一定条件下形成较大的分子簇（H_2O）$_n$，还能形成更复杂的水巴基球。水也可通过氢键与各种无机离子和有机大分子中的极性基团相互作用，形成更为复杂的功能性结构分子簇。2004 年的《科学》杂志，又相继报道了耶鲁大学等观测到稳定的纳米级结构的分子簇水。

还有一些研究认为，在长期静止的情况下，水可形成多达几十个水分子的团簇。这些大分子团是随机的、无定形的链状线团，其溶解能力、渗透力都很低，不易被动植物和人体吸收。这些无定形结构的分子簇可以经一定的物理化学处理（如人工的磁场、电场、震动、超声波等方法），使其成为较小的分子簇。

研究发现，2 纳米以下的小分子团簇可进入细胞膜、细胞核和 DNA，参与生命运动。据报道，2014 年 1 月我国以科学家康宁为总顾问、高级工程师李阳为组长的高能序列技术课题组宣布，制造出世界上最小分子团水——微小分子团水。这种微小分子团水仅由 5～6 个水分子组成，极其稳定，在加热状态下仍然呈现微小分子团状态。分子团直径仅有 0.5 纳米，能通过生物细胞存在的 2 纳米亲水通道，进入细胞膜。课题组对水进行高能序列处理，使微小分子团水的分子结构有序排列，密度高，不带游离电荷，内聚高能量，可以建立微小分子团水与细胞之间正常的信息交流，促进正常的基因信息传递。从而可以大大增强细胞的活性，产生旺盛的新陈代谢。课题组在偶然发现人饮用这种水后有积极效果之后，对国家举重队、羽毛球队、体操队、蹦床队等 52 名专业运动员进行试用实验，数据分析的结果表明，运动员饮用高能序列处理的水后的竞技状态、理化指标，均有较大改变。

据报道，人饮用微小分子团水后，可在一秒钟内迅速补充人体能量，一秒内可将干瘪的血红细胞激活，显著增强体力，迅速提高人体新陈代谢水平。将这种水做简单的雾化，其释放的负氧离子数目是普通水雾化后释放负氧离子数的千倍以上，对空气中 PM2.5 具有极强的吸附作用。这种水还能显著促进植物生长，大大提升作物生长效率。

一些专家认为，人逐年老化直至病亡的过程，是一个细胞供水不足，致使细胞液逐渐酸性化、细胞缺乏营养（不是人体缺乏营养），而衰亡夭折的过程。人类要想健康长寿不生病，就是设法让多量的水自由出入细胞，但我们日常摄入的水却不能满足这个需要。我们喝的水大多是大分子团水，直径大多在 2.6 纳米，长时间搁置的水，直径可达 6 纳米，大部分不能通过直径只有 2 纳米的亲水通道进入细胞内，只能透过肠壁进入血管，被肾过滤后排出体外。而小分子团水具有高渗透力、高扩散力、高溶解力，能够将更多水分和营养带入细胞，同时将废物和毒物更好地排出。由于小分子团水更容易被体内每一个细胞吸收和利用，因此它的生物学利用率比普通水要高很多——能够改善新陈代谢的效率和功能、增强每一个细胞和周围组织机构间的信息传递、明显改善全身营养物质传送供应、提高全身氧的运输能力等等。

也有一些专家认为，喝下去的水到胃中后，由于胃内的温度、pH、离子浓度等因素的影响，分子团结构也会发生变化。目前还没有任何有力的证据证明，喝小分子团的水对人体有什么好处和坏处。比如，热水的分子团远小于冷水的分子团，但西方欧美国家普遍喜欢喝冷水（水分子团大），我国普遍喜欢喝热水（分子团小得多），但我国的人均寿命和居民体质未必比西方欧美国家的好。

目前，以什么样的标准去定义水分子团的大小还在探讨研究中。世界上任何国家的水质标准都还没有水分子团簇大小的指标，也没有水分子团簇大小的测试方法标准。要测定小分子团簇水中的水分子数，还没有一个可靠的科学的方法。用核磁波谱确认小分子团簇规模的原理并不复杂，但是检验数据和结果往往不一致。如何从普通的水制得小分子团簇水，使用什么装置，目前也尚无足够的、公认的科学依据和可靠的实验数据与论证，更没有得到国家卫生部门的认可。水分子团簇的大小对水的性质、生理作用有什么影响，小分子团簇水和普通水对人体健康的影响有什么不同，都在讨论之中，也存在有截然不同的看法，更缺乏令人信服的临床医学报告和科学鉴定。

国家卫生计生委制定的于 2013 年 10 月 1 日起施行的《涉及饮用水卫生安全产品标签说明书管理规范》中的第六条规定，"涉水产品标签和说明书中不得标注：明示或暗示具有防治疾病作用的内容；虚假、夸大、使消费者误解或者欺骗性的文字、图形以及与生活饮用水无关的内容；'酸性水'、'碱性水'、'活化水'、'小分子团水'、'功能水'、'能量水'、'富氧水'等内容；法律法规及标准规范禁止标注的内容。"

7.5 温度较高的水冻结的速度为什么要快于温度较低的水

1963 年，在坦桑尼亚一个中学，一位名叫姆潘巴的学生特别喜欢和同学一起做冰淇淋吃。他们总会先在煮沸的鲜牛奶中加入白糖，待其冷却后倒

入冰格，然后放入冰箱冷冻室。有一天，姆潘巴发现冰箱冷冻室的空间就快满了，他急忙在煮沸的牛奶中加入糖，不等冷却就送入冰箱。一个半小时后，姆潘巴发现了一个让他十分困惑的现象：热牛奶比冷牛奶更快地结冰了。困惑的姆潘巴去问老师，可惜没有老师认真看待他的问题，还有人觉得他荒唐。有一天，达累斯萨拉姆大学物理系系主任奥斯波恩博士到姆潘巴所在的学校访问，他连忙抓住机会请教博士。这位博士不仅没有对此嗤之以鼻，还把他带回实验室，做起实验来，证实了这一现象是可能发生的。1969年，姆潘巴和奥斯波恩博士一起撰写了关于这一现象的论文，确认热水有时可能比冷水更快冻结，并把这种现象称为"姆潘巴效应"。

用热水冷冻比冷水更快这一现象，是许多冰淇淋制作者和酒吧服务员在日常工作中就有的经验。早在公元前4世纪，亚里士多德就曾在冬天的室外发现"热水比冷水先结冰"，至于为什么，他试图解答却没有结果。17世纪大名鼎鼎的数学家和物理学家笛卡尔也没能解释这一现象。

在姆潘巴效应被证实后的四十多年里，科学家们做了许多实验，写了许多论文探讨这个现象背后的原理，但终究因缺乏科学实验数据和定量分析，至今没有定论。据报道英国皇家化学学会2012年曾悬赏1000英镑，奖励给任何能够对这一现象给出最佳解释的个人或团体。此后他们收到了近22000份解答，最后获得了"最佳解答"及奖金的，是克罗地亚萨格勒布大学一位名叫尼古拉·布雷高维克（Nikola Bregovic）的化学助理研究员。他在实验室里用装满水的烧杯进行了实验，他的解答是水中的对流效应导致了姆潘巴效应，因为热水中的对流更快，从而导致了其冷却速度比冷水快。虽然布雷高维克获得了英国皇家化学学会的奖金，但姆潘巴效应并未得到圆满的解答，科学界中还有不少不同的看法。新加坡南洋理工大学的孙长庆博士与张熙博士曾组织物理学家团队研究姆潘巴效应，他们尝试从分子水平的角度检验姆潘巴效应的过程。研究的结论是水分子中共价键的作用，导致了姆潘巴效应。

许多研究说明，热水比冷水可能更快会冻结这一现象，在不同条件下可能有不同的原因，要做不同的解释。但是，这些解释都没有从液态水的结构做说明。例如：

① 热水比冰水蒸发得更快，从而减少了剩余的要冻结的水的数量，结冰更快。在敞开容器中冷却水的大量测量数据，证明这是一个重要的因素。但是，它无法解释在封闭容器中发生的姆潘巴效应。

② 热水往往比冷水要更少发生过冷现象，这使得它达到水的冰点时更

化学世界漫步

有可能变成固体。

③ 水密度通常随着温度的增加而降低，装冷水的容器顶部通常比底部温暖。在某种条件下，通过对流进入顶部表面的水会由于失去热量并冻结。

④ 溶解气体的多少可能影响其冻结速度，热水溶解气体的能力比冷水差，冻结得快。

⑤ 两个装水的容器之间的初始温度的差异可能影响冷却速率。例如，温水会使环境中存在的霜层融化，因而有更好的冷却速率。

目前，对姆潘巴效应的解释也许已经离正确答案不远了，但科学家们仍在努力地研究探索。对于神奇的水分子，还有更多的谜团等待我们去发掘。

7.6 科学家对《水知道答案》的批驳

自 1999 年开始，日本人江本胜出版了一系列相关著作，宣称人类意志可以影响水分子的结晶。我国在 2009 年出版了其著作的中文译本《水知道答案》。

江本胜在书中声称，世间万物都处在波动的状态中，各自拥有一定的波长和固定的频率，连各种文字、声音、图像，以及我们的心理变化和情感活动也呈现为一种波动状态。他说，构成人体的 $60\%\sim70\%$ 是水，地球表面也有 70% 被水覆盖，人们看不见、听不到、摸不着波动的时候，水能感受到，并受到强烈的影响，水结晶会记录这些影响的信息。他选用自己拍摄的 122 张水结晶照片（图 7-5），把结晶水的美丑与实验者的正负面的思想或话语链接，展示"水能听，水能看，水知道生命的答案"的奇异观点。他认为水不仅自己有喜怒哀乐，而且还能感知人类的感情，水具有复制、记忆、感受和传达信息的能力。

图 7-5 《水知道答案》中的几张照片

多年来，世界上有不少科学家、学者发表了批判江本胜观点的著作、文章，指出他的实验非常不严谨，存在种种漏洞，他的著作中选用的照片存在问题，他的书只是无科学依据的照片小品文。

日本学者左卷健男，在2007年出版《水什么也不知道》反驳江本胜，认为江本胜是在宣传伪科学，并对伪科学在教育领域的渗透表现出了危机感；2005年斯坦福大学教授威廉·提历指出江本胜没有对影响水结晶的三大关键因素进行控制，其实验结果没有证据支持；2005年12月美国学者克里斯托弗·扎其菲尔德分析江本的实验过程，认为江本的实验描述是不科学的。

有物理学家从温度和湿度对水结晶形态和形状的影响，反驳江本胜的错误观点，说明他不懂物理学：水分子可以形成六角形的晶格结构，六面体有两个六角形的面和六个正方形的面，如果晶体向两个六角形的面的方向生长，就会变成一个柱状晶体；而如果向六个正方形面的方向生长，则会形成一个片状的六边形晶体。在此基础上，片状或柱状晶体还能长成更加复杂的结构。当温度低到一定程度，水晶体最终会形成各式各样的冰/雪花。如在$-5{}^\circ\text{C}$到$-10{}^\circ\text{C}$之间，结晶更容易形成柱状或是针状结构；在$-15{}^\circ\text{C}$左右，结晶会倾向于结成片状雪花。雪花的复杂程度，和湿度有关。湿度越小，雪花的形状就越简单。因此，可以在实验室中通过人为设定的条件来设计不同形状的雪花。这与水结晶时是否"听到"了优美音乐、"看到"了温暖的单词没有任何关系。

有的科学家指出江本胜的试验没有遵循科学试验的"双盲"原则。江本胜强调"我不需要对任何样本进行双盲测试"，他坚信试验者的美学素养和个性是拍摄水结晶时最重要的元素。

还有的科学家揭露江本胜没有展示自己的全部实验样本，只选择能说明自己看法的照片，回避对自己不利的实验照片。一位揭发黑幕的研究人员说，在播完了贝多芬的交响乐以后，江本胜从数百个晶体里只选出了一些漂亮的晶体放在书里展示；在水"听"完难听的摇滚乐之后，他则选择一些难看的晶体来展示。

科学家们揭露江本胜所谓"水能听，水能看，水知道生命的答案"的谎言，是一场科学和伪科学的斗争。科学探索，要帮助人们科学地认识自然和人类社会，更合理地开发和利用自然资源，保护生态环境，创造新的物质。同时，还要和伪科学、和迷信作斗争，维护科学的发展。学科学，要懂得运用科学的观点、方法，辨识、抵制、揭露、批判伪科学。

化学世界漫步

你了解分子的热运动吗

化学在原子、分子水平上研究物质的组成、结构、性质、变化及应用。原子、离子、分子都是构成物质的微粒。在化学世界里，由分子构成的物质中，分子的热运动无时不在，分子热运动是物质变化的基础。也许你认为，分子微乎其微，分子的热运动极其微弱，但是大量分子的热运动，带来的影响是不可小觑的。

许多关于分子热运动的问题非常有趣，和许多自然现象、人类的生产活动有密切关系，吸引了许多学者，乃至普通人的思考和探索。分子热运动的动力来自哪里？分子热运动的形式是怎样的？分子热运动的方向、路径取决于什么？分子热运动的速率有多大？这些问题都是人们关心的问题。

分子中原有的化学键的断裂、新的化学键的形成，也是分子运动的一种形式，它是分子组成和结构发生改变，形成新物质的根本原因。化学家为了探索物质的性质、合理利用物质，为了控制和利用物质的化学变化，需要探索分子的组成和结构的奥秘，需要了解分子的运动和变化规律。

8.1　不可小觑的分子热运动

构成物质的分子处于不停的无规则运动中。人们把分子的无规则运动称

为分子的热运动。

与我们生活密切相关的许多自然现象、生活现象都产生于分子的热运动。例如，由于分子的热运动，处于同一空间中的两种物质有可能自动地相互掺混、扩散。红墨水的扩散（图8-1）是人人都能观察到的现象。科学家在一块纯度很高的晶体中用掺杂的方法，加入一些特定的"杂质"原子制造半导体，就是利用扩散现象达到的。天然铀矿中的铀的两种同位素 U^{238} 和 U^{235} 的化合物要用化学方法分离，非常困难。把 U^{238}、U^{235} 制成气态氟化物 UF_6，利用它们的扩散速率不同，可以用扩散方法分离。除此之外，胶体能保持相对的稳定、化学家借助光波窥探分子构造的信息等都与分子的热运动密切相关。

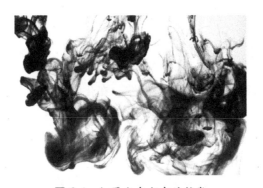

图 8-1　红墨水在水中的扩散

为什么分子总处于不断的热运动中？原因之一是由于分子间的引力和斥力难以达到绝对的平衡。虽然就大量分子而言，引力和斥力处于动态平衡，但任意的某几个分子间，引力和斥力不可能都处于平衡状态。部分分子的运动，引发了分子间的碰撞，加剧了分子的热运动。原因之二是由于微观粒子具有波粒二象性，即使在绝对零度，虽然分子的平动趋于完全停止，分子的振动和转动仍然不会停止。量子力学可以证明，在绝对零度下，分子的振动能和转动能都是一个大于零的值。

把"分子运动"和"热"联系在一起，说明分子的这种运动与温度有关。确实，温度越高这种运动就越剧烈。如果温度降到$-273℃$，也就是0K（绝对零度），分子的热运动（平动）就将停止。当然，温度降到$-273℃$实际上是不可能实现的，但是这个预测又是怎么做出来的？这个问题也和分子热运动的动力来自哪里相关。

众所周知，我们能闻到某种气体的气味，是由于这些气体通过分子运动扩散进入我们的鼻腔。但是要闻到从某个地点飘来的气味也还需要一段时间。要知道，在通常状况下，空气中各种分子运动的平均速率大约为447米/秒，略高于声速。可是气味不可能像声音那样，可以很快从发声的地方传到我们的耳朵，这是为什么呢？这是由于气态分子以各种速度，向各个方向随机运动，并发生频繁的碰撞。由于分子的碰撞，分子热运动的速率和方向都在不断变化。由于分子间碰撞频繁，在单位时间里，气态分子由于热运动产生的平均位移并不大。气态分子在接连两次碰撞间走过的平均距离，即平均自由程随气体密度增大而减小。在标准状况下，空气中各种气体分子的平均自由程为 $10^{-6} \sim 10^{-5}$ 厘米。在很稀薄的气体中，气体分子的平均自由程可以达到几厘米至几十厘米。据研究测定，一种气态香料分子在空气中的运动速度虽然可以达到 224 米/秒，但是，在空气中气态香料分子每移动 10^{-4} 厘米就会撞到一个氮气分子，运动的方向要发生改变，香料分子在空气中被迫随意到处乱窜，处于无序状态。此外，气体分子还会与容器器壁发生碰撞，产生气体压力。因此，它不可能一直从它的原始位置径直向你飞过来，除非有一股风把它夹带着刮到你身旁。

风朝一定方向刮，并不是空气中各种气体分子本身固有的热运动，也不证明空气中的各种分子自身的热运动有一定的方向。空气在某种外界因素（地球的自传，地球表面所接受的太阳辐射的差异，水流、山川甚至地面建筑物、森林的影响）作用下，会被迫朝某个方向发生迅速移动。人们把空气在外力作用下发生的水平运动叫做风。风总是从高气压吹向低气压，气压差越大，风速越大。也就是说，风是由于不同区域的气压不同，迫使空气分子从高气压往低气压移动而形成的。例如，冬季北方近地层空气比南方冷、空气密度大、气压高，迫使空气往南方移动。相反，夏季西太平洋和南海处于副热带高气压状态，而北方气压较低，故夏季多吹偏南风。

8.2 分子运动的形式

分子虽小，其运动形式却是多样的，可以是平动，可以是转动，分子内各原子还能发生各种类型的振动。分子总是同时进行着平动、转动和振动运

动（图 8-2）。

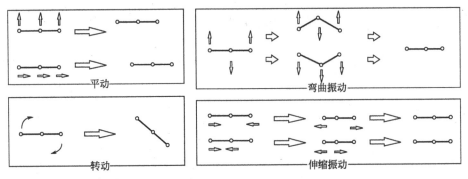

图 8-2 二氧化碳分子的四种热运动形式

　　分子的平动，指分子作为一个整体朝任意方向移动，整个分子中各原子向同一方向以同一幅度移动。分子的转动，即分子作为一个整体旋转。分子的振动，指分子中每个部位各自运动，构成分子的各个原子像被弹簧连接着，可以各自在平衡位置上发生周期性的往复运动。多原子分子的振动模式可分为两大类：伸缩振动（stretching vibration）和变形振动（deformation）（又叫弯曲振动，bend）。伸缩振动为键长发生周期性变化，键角不改变；变形振动指分子基团中至少有一个相关联键角改变。

　　不同物理状态的物质，分子的平动、转动和振动幅度不同。气体分子的平均平移动能与绝对温度呈正比。分子的运动速度随温度上升而增大，随气体分子量增大而减小。液态物质中，分子仍然处于无规则运动，只是不如在气态物质中那么自由无序，运动速率不如在气态物质中那么大。液态物质中的分子，时而靠近结成一团，时而分离，不断变换他们的空间位置。在液态水中，每过 10^{-3} 秒，所有的水分子，都会变换它们的位置。由于液体密度比气体大得多，分子间的距离也小得多，分子的平均自由程比 10^{-8} 厘米（分子本身的直径）还要小。固态物质中的分子，通常是在自己的平衡位置附近振动，几乎不可能产生位置的移动。

　　分子具有一定的空间结构。构成分子的各个原子，是按一定的连接方式和连接顺序彼此结合的，各个原子在空间的相对位置基本保持不变。分子的平动、转动和各种类型的振动，会不会破坏分子的结构和固有特性？科学家研究发现，即使某些物质分子内一些原子的振动，会引起分子中原子相对位置的某些改变，分子形状有所改变，但分子中各原子的结合方式和连接顺序仍不会改变，分子结构仍保持不变。例如，乙烷（C_2H_6）分子有交叉式［图 8-3(a)］和重叠式［图 8-3(b)］两种不同形状，分子构象不同。但是这两种不同形状的分子中，各原子的连接次序及连接方式相同，即分子中化学键的类型以及键长、键角的值是一样的。不同构象的分子，能量有一定差别，它们的对称性亦不同，在一定条件下，其稳定性也有差异。

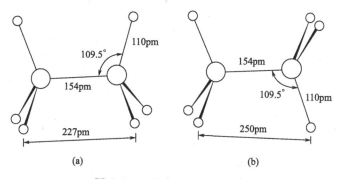

图 8-3 乙烷分子的两种构象

8.3 分子热运动现象的发现

分子的热运动是怎样被发现的？这首先要归功于植物学家 R. 布朗。1827 年，R. 布朗在显微镜下观察到悬浮在水中的、自花粉粒中进出的小微粒会做无规则的运动，这就是"布朗运动"。布朗运动是由于水分子进行无规则的热运动时对小微粒的撞击引起的。自花粉粒中进出的小微粒非常微小，直径只有 1～10 纳米，水分子直径约 0.4 纳米，周围水分子的碰撞对小微粒产生了一种大小、方向不定的净作用力，可以使它发生无规则的运动。布朗运动指的是微粒的随机运动，而不是分子的随机运动。但是通过布朗运动的现象可以间接证明分子的无规则运动。

由于文字翻译的问题，人们把布朗手稿中的"自花粉粒中进出的小微粒"误解为"花粉颗粒"，这一误会广泛流传而根深蒂固。实际上较大的花粉颗粒的直径为 30～50 微米（相当于 30000～50000 纳米），较小的为 2000～3000 纳米，水分子的热运动难以形成使花粉颗粒发生无规则运动的合力。直到 1973 年，日本的横滨市立大学名誉教授、植物

学家岩波洋造在他的著作《植物之 SEX——不为人知的性之世界》中，才点出这一不正确之处。1970 年日本国立教育研究所物理研究室长板仓圣宣在参与制作岩波电影"回动粒子"时，实际拍摄漂浮在水中的花粉，发现花粉完全没有做布朗运动，他也于 1975 年 3 月，以"外行人与专家之间"为题，解说有关的误会。

　　颗粒越小，布朗运动越明显。分散在液体中的颗粒越小，颗粒的表面积越小，同一瞬间，撞击颗粒的液体分子数越少。依据统计规律，少量分子同时作用于小颗粒时，它们的合力是不可能达到平衡的。同一瞬间撞击的分子数越少，其合力越不平衡。颗粒越小，其质量越小，颗粒获得的加速度越大，运动状态越容易改变。温度越高，布朗运动也越明显。温度越高，液体分子的热运动越剧烈，同一瞬间来自各个不同方向的液体分子对颗粒撞击力越大，小颗粒的运动状态改变越快。

　　物质在溶剂中的溶解过程是溶质的分子和离子在溶液中扩散的过程。其中溶剂分子的热运动以及构成溶质的微粒的热运动发挥了重要的作用。胶体的颗粒直径都在 1～100 纳米之间，水分子在进行无规则的热运动时对胶体颗粒的撞击也可以使它发生布朗运动（图 8-4）。在无风情形下我们会观察到空气中的烟粒、尘埃（气溶胶）也会由于空气中各种气态物质分子的热运动而发生布朗运动。胶体颗粒的布朗运动，有助于克服重力作用，也是胶体较为稳定、不易沉降的原因之一。但是，加热胶体到一定温度，胶体颗粒运动加剧、相互碰撞加剧，又能使胶体颗粒凝聚沉降。

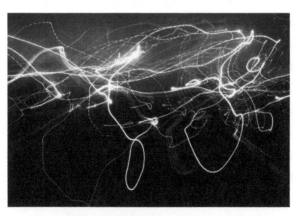

图 8-4　胶体颗粒的布朗运动

8.4 扩散现象探析

扩散现象是不同的物质互相接触时发生的彼此进入对方的现象。气体溶于水，气体分子通过扩散分散到水中；固体烧碱、无水氯化钙露置在空气中，空气中的水蒸气通过扩散作用附着在固体表面，再逐渐扩散到整个固体中，当然，同时也发生固体表面的离子向附着在表面的水膜或溶液扩散的过程。又如，红棕色的二氧化氮气体在静止的空气中会逸散；紫黑色的高锰酸钾晶体放入静止的水中会逐渐均匀分散形成紫红色溶液；两块不同的金属紧压在一起，经过较长时间后，每块金属的接触面内部都可发现另一种金属的成分。这些扩散现象都是由构成物质的分子、原子或离子等微粒的热运动（平动）引起的。二氧化氮气体分子在空气中的热运动使之分散到空气中；高锰酸钾晶体在水分子的作用下，表面的钾离子、高锰酸根离子离开晶体，逐步向四面八方移动，扩散到整杯水中；两块金属紧密接触较长时间后，金属表面的原子通过热运动，彼此通过接触面进入对方晶体点阵中。

气体扩散速度最大，液体其次，固体最小。物质间浓度差越大，所处的温度越高，组成物质的分子（或原子等粒子）质量越小，扩散速度越大。

在气体扩散过程中，虽然分子迁移的方向不是单一的。但是，扩散总是由密度大的区域向密度小的区域进行。这是由于密度大的区域中的分子数多于密度小的区域。大量气体分子做无规则热运动时，分子之间要发生相互碰撞，不同空间区域的分子密度分布不均匀，分子发生碰撞的频率不同。这种情况使密度大的区域的分子向密度小的区域转移，最后达到均匀的密度分布。密度不同的同种气体间的扩散使整个容器中气体密度处处相同。此外，温度高的物质中的分子热运动比温度低的物质剧烈，扩散总是从高温向低温的方向进行。

在相同温度下，分子量不同的气体，热运动的速率不同，扩散的速率也不同。分子量大的气体扩散速率小。把浸渍了浓氨水和浓盐酸的棉花团，放在长玻璃管的两端，把端口堵住，平放玻璃管，不久可以看到氨和氯化氢气体相遇化合生成的白色晶体附着在离放置氨水棉花团较近的管壁上。

固体分子间的作用力比较大，绝大多数分子只能在各自的平衡位置上振动。但是，在一定温度下，固体里也总有一些分子的速度较大，具有足够的

能量脱离平衡位置。这些分子能从一处移到另一处，而且还可能进入和它紧密接触的其他物体，发生固体间的扩散。固体间的扩散在金属的表面处理和半导体材料生产上获得了广泛的应用。例如，为提高钢铁器件表面硬度的渗碳工艺，为提高钢铁器件耐热性的渗铝工艺，都是利用了扩散现象。半导体制造工艺中，也利用扩散法渗入微量杂质，以控制半导体的性能。

液体分子的热运动情况跟固体相似，其主要形式也是振动。但除振动外，还会发生移动，这使得液体有一定体积而无一定形状，具有流动性，同时，其扩散速度也大于固体。

扩散现象可以发生在一种或几种物质之间，也可以发生于同一物理状态或不同物理状态之间。在同一物理状态，物质间的扩散一直持续到各部分各种物质的浓度达到均匀。不同物理状态间的扩散，可以持续到两种物理状态间各物质的浓度达到平衡。当然，分子的热运动是不会停止的，这种"均匀"、"平衡"都是一种"动态平衡"。扩散过程，是分子挣脱彼此间分子引力的过程，这个过程中，分子需要能量来转化为动能，也就需要从外界吸收热量。

分子的热运动产生扩散现象，也是胶黏剂可以使被粘接物连结的一个重要原因。粘接是不同材料界面间接触后相互作用的结果。影响粘接的因素很多，至今也还没有一个系统的理论。一般认为，粘接力的主要来源是粘接体系的分子作用力（范德化引力和氢键力）。胶黏剂分子与被粘物表面分子的作用有两个过程：第一阶段是液体胶黏剂分子借助于热运动，向被粘物表面扩散，使两界面上分子的极性基团相互靠近；第二阶段是当胶黏剂与被粘物分子间的距离达到 $10 \sim 5 Å$ 时，界面分子之间便产生相互吸引力，使分子间的距离进一步缩短到处于最大稳定状态，它们之间的引力强度可达到很高的胶接强度。如果被粘接的两种聚合物的结构具有相容性，在它们相互紧密接触时，在分子的热运动等因素作用下，产生相互扩散现象。这种扩散作用是穿越胶黏剂-被粘物的界面交织地进行的。扩散的结果导致界面的消失和过渡区的产生，使两种材料连成一体。

8.5 温室气体如何引发温室效应

分子的运动是量子化的。分子处于某种运动状态时，拥有某些特定的能量。分子具有的能量有一定级别，不同的运动状态处于不同的

能级。分子处于基态时（接近于静止状态），在最低的能级上，吸收一定频率或具有一定能量的光子后，可以跃迁到较高能级，处于激发态。分子吸收一定波长的光，所能吸收的光子能量必须和其改变运动状态所需的能量相匹配。

红外区光子的能量能增强分子的振动。不同的分子吸收不同波长的红外光。任何分子中原子发生振动所需要的能量取决于振动的特征、原子间化学键的变形性和强度以及发生振动的原子的质量。

二氧化碳气体分子发生伸缩振动比发生变形振动难，需要吸收能量更大的光子。二氧化碳气体分子吸收 15.0 微米的红外辐射时，发生图 8-2 中所示的弯曲振动。吸收 4.2 微米的红外辐射时，发生图 8-2 中所示的伸缩振动。大气中存在的二氧化碳气体可以吸收太阳光中 15.0 微米和 4.2 微米的红外辐射，发生短暂的振动（此时二氧化碳气体分子处于激发态），然后又可以将吸收的能量以热的形式发射出来，回到非激发态（也称基态）。

大气中的二氧化碳气体能够高效吸收红外辐射，是它成为温室气体，形成温室效应的原因。水蒸气、甲烷、一氧化二氮气体也能吸收特定的红外光，发生振动，因此也属于温室气体。

温室气体是怎么形成温室效应的呢？太阳向地球辐射多种形式的辐射能。总能量的 43% 是红外辐射，50% 是可见光，7% 是紫外光。到达地球的太阳辐射，30% 被反射，25% 被大气层吸收，其余的 45% 被陆地和海洋吸收，使地球变暖（图 8-5）。被反射的太阳辐射的小部分直接返回太空，大部分被大气层中的二氧化碳等温室气体吸收。被陆地和海洋吸收的部分能量也会辐射到大气层，同样也能被二氧化碳等温室气体吸收。二氧化碳等温室气体能高效吸收红外辐射，并向各个方向散射。从地球辐射出的能量中，约 81% 被温室气体捕获，再辐射回到接近地球的较低的大气层，不会返回太空。地球、大气层和太空之间持续发生辐射的动态热交换，建立起相对稳定的热平衡，使地球的平均温度较好地维持稳定。若没有大气层的保护，地球可能由于太阳辐射而变得非常炎热；若没有温室气体将地球辐射的热量反射回地球，地球接受到的太阳辐射被全部直接返回太空，地球将会变得冰冷。

然而，如果大气中的二氧化碳等温室气体太多了，将有大于 81% 的太阳辐射返回到地球表面，将使地球的平均气温上升。这将带来负面效

温室气体能吸收地表长波辐射,使大气变暖,与"温室"
作用相似;若无"温室效应",地球表面平均温度是-18℃,
而非现在的15℃。

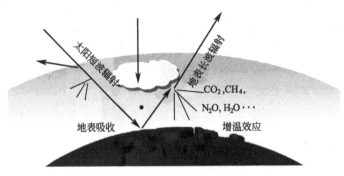

图 8-5 温室效应示意图

果,19 世纪末以来,全球二氧化碳气体的排放量持续增加,使全球气温上升,造成一系列气候问题。倡导节能减排、低碳生活,是人类不可忽视的大事。

二氧化碳是最重要的温室气体,二氧化碳的大量排放是人类活动引起气候变化的主要原因。但是它却不是温室效应最强的气体。

据 2013 年 11 月 27 日的《地球物理研究快报》杂志报道,加拿大科学家宣布,他们已经发现了一种名为全氟三丁胺(PFTBA)的人造物质也是温室气体,而且该气体 100 年内使地球变暖的效应是二氧化碳的 7100 倍,是大气中检测到的辐射效率最高的分子。这种气体能存在几百年,它对于气候的潜在影响已经超过了任何化学品。PFTBA 作为热稳定剂和化学稳定剂,从上世纪中期开始,在电气设备中得到广泛应用,目前主要用于电子测量和传热介质中。

8.6 从分子热运动获取分子结构信息

分子的热运动,是分子本身固有的特征。人们还能从分子的热运动中获得分子结构的信息。这是怎么一回事呢?

分子总在不停地作平动、振动和转动运动。处于不同运动状态的分子,具有不连续变化的能量,这些能量值称为能级。分子的平动的能级差极小，可以近似看成是连续变化。分子振动和转动的能级差与红外射线的光量子能量正好对应（分子内化学键振动能级差一般相当于近红外和中红外光子能量，分子的转动能级差比较小，相当于远红外光子的能量）。用一定频率的红外光辐照物质时，能导致被照射物质分子在振动、转动能级上的跃迁。

若以频率连续改变的红外光辐照试样，由于试样对不同频率的红外光的吸收不同，因此可以绘制出吸光度 A（或透光率 T）为纵坐标、红外辐射波长（或频率）为横坐标的红外光谱图。如图 8-6 是乙醇的红外吸收光谱。每种分子的红外吸收光谱，决定于其组成和结构，因此可以利用红外吸收光谱对分子的结构进行分析和鉴定。

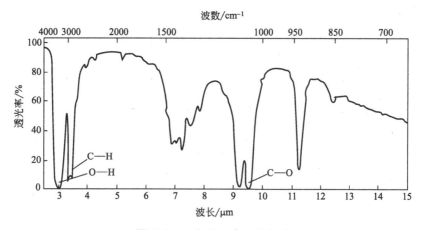

图 8-6　乙醇的红外吸收光谱

不同的分子具有不同的红外吸收光谱。一个分子的振动涉及到多个原子的共同运动，它分为沿着化学键的伸缩和弯曲两类振动方式，其振动频率主要决定于原子的质量与化学键的强度。原子质量越小、化学键越强，则振动频率越高。因此不同官能团将有其特征频区。例如，—OH 基团在 $3650 \sim 3200cm^{-1}$ 区间有强宽峰，在 $1400 \sim 1260cm^{-1}$ 出现弱峰；$\diagdown C{=}O$ 基团在 $1700cm^{-1}$ 左右有强峰；—CH_3、—CH_2 基团分别在 $2960cm^{-1}$、$2850cm^{-1}$ 处有强峰，同时在 $1450cm^{-1}$、$1375cm^{-1}$ 处有强峰等。

在红外光谱中，$4000 \sim 625cm^{-1}$ 之间的区域是一般有机化合物的基频振动频率范围。因此红外吸收光谱可以给出非常丰富的有机化合物的结构信

息。除光学对映体外，任何两个不同的化合物都具有不同的红外光谱。因此，为鉴定一个未知化合物的结构，在考察特征基团频率的基础上，与标准品谱图对照，是最方便也是最可靠的方法。红外光谱分析可用于研究分子的结构和化学键，也可以作为表征和鉴别化学物质的方法。

9 核磁共振与分子的组成结构

　　从定性、定量角度研究有机化合物的元素组成、分析有机化合物的分子组成和结构，是认识有机化合物性质、变化以及合成有机化合物的基础。历史上，大多数科学家都是运用化学方法研究有机化合物的组成、结构；而到了现代，波谱分析方法已成为研究有机化合物组成结构的重要方法。波谱分析以光学理论为基础，以物质与光相互作用为条件，建立了物质分子结构与分子产生的电磁辐射之间的相互关系，以此为基础形成了物质分子结构（包括几何异构、立体异构、构象异构）的分析和鉴定方法。

　　第 8 章粗浅地介绍了当代有机化合物分子结构分析和鉴定的主要方法之一——红外光谱（IR）分析法。除此之外，还有质谱（MS）、核磁共振（NMR）、紫外光谱（UV）等波谱分析方法，它们是有机化合物分子结构鉴定的四大工具。

　　质谱（MS）、核磁共振（NMR）、红外光谱（IR）、紫外光谱（UV）分析方法分别使用质谱仪、核磁共振光谱仪、红外吸收光谱仪、紫外吸收光谱仪，用电磁波作用于物质样品，获得相应的吸收光谱，从而分析和鉴定物质的分子结构。鉴于波谱分析的广泛应用，我国高中化学课程《有机化学基础》的选修模块已把其编入到学习内容中。

9.1 电磁波和电磁辐射

从日常生活以及工业生产中可以了解到许多有关电磁波及其应用的实例。例如，无线电波用于通信，微波炉用于加热食物，红外线用于遥控、制导导弹以及热成像，紫外线用于医用消毒、验证假钞、测量距离和工程探伤，X 射线用于 CT 照相，伽马射线用于外科治疗……可见光也是太阳发出的一种电磁波，有了可见光，地球上的大部分生物才可以观察事物。

电磁波，是以波动的形式传播的电磁场。变化的电场会产生磁场，电器一旦接通，有电流产生，在其周围就会产生磁场。而变化的磁场则会产生电场。变化的电场和变化的磁场构成了电磁场。电场可以被电导体材料甚至不良导体（如树木、建筑物和人的皮肤）屏蔽或者削弱，磁场则可以穿透大部分的物质。电场和磁场都随着与发生源距离的增加而迅速衰减。

电磁场有一定的波长、频率、强度及传播速度。电磁波的波速 c、波长 λ、频率 γ 三者之间的关系，可用公式 $c=\lambda \cdot \gamma$ 表示。电磁波的频率越高，它的波长越短。各种电磁波按照波长从大到小（频率从低到高）的顺序是：工频电磁波（各种电器通电产生的电磁波）、无线电波（又可分为长波、中波、短波、微波）、红外线、可见光、紫外线、X 射线及 γ 射线（图 9-1）。频率高的电磁波可以在自由空间内传递，也可以束缚在有形的导电体内传递。电磁波的传播速度与光速相等，在自由空间中，其值为 3×10^8 米/秒。

电磁波具有波粒二象性。电磁波的反射、衍射、干涉、折射和散射现象，表现出波的性质。这种性质使用频率、波长、振幅等参数来描述。电磁波和物质相互作用时，显示粒子（光子）的性质。光子是具有一小份一小份不连续能量的微粒，光子的能量 E 和电磁波的频率 ν 的关系是：$E=h\nu$（h 称为普朗克常数）。不同波长的电磁波具有不同的能量，电磁波的波长越短（即频率越高），能量越大。电磁波单位时间内辐射出去的能量，与频率的四次方成正比。

通常高于绝对零度的物质或粒子都能产生电磁波，并向周围空间传递，伴随着或小或大的能量输送。电磁辐射，就是指以电磁波形式通过空间传播的能量流，大都不能被肉眼观察到。电磁辐射量与温度有关，温度越高辐射量越大。

化学世界漫步

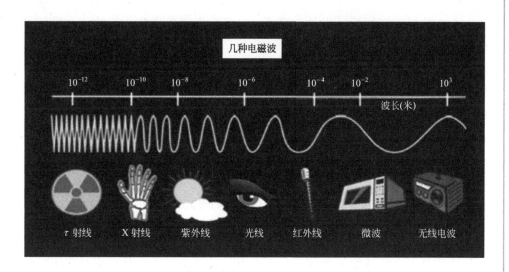

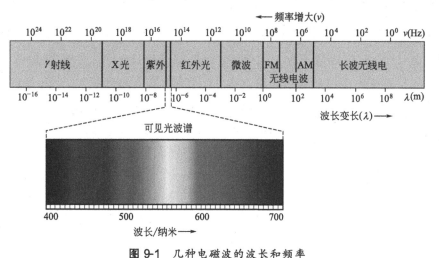

图 9-1 几种电磁波的波长和频率

9.2 电磁辐射对物质微粒的作用

　　红外光谱、紫外光谱、核磁共振光谱都是吸收光谱。不同的物质构成的微粒，结构不同，具有的量子化能级数目不同，不同能级间能量差也不同。因此，不同物质的原子（包括原子核、核外电子）、分子、离子选择性地吸收某些波长的电磁波。当用某种波长的电磁波照射物质的样品时，会产生特定的吸收光谱。

人体的器官和组织，也是由原子、分子、离子构成的。因此，人体如果受到外界某些频率电磁波的辐射，这些粒子也会吸收光子、被激发，也可能使原本处于平衡状态的器官、组织，乃至于人体的机能受到影响或破坏，引起发热等症状。自然界中最强的电磁辐射是太阳所发出的红外线、可见光和紫外线。我们所处的空间中无线电波和微波一般是比较弱的，对人体的影响非常小，可以忽略。

9.3 核磁共振氢谱(¹HNMR)如何分析分子结构

物质分子中的各原子的原子核本身有自旋现象。不同的核素具有不同的自旋状态。人们用核自旋量子数 I 描述核自旋运动的特性。不同的 I 的数值，显示原子核所处的不同的自旋能级数目。原子序数与质量数都是偶数的核（如 ^{12}C），其自旋量子数 I 的值为 0，可以看作是一种非自旋的球体。原子序数与质量数不都是偶数的核（如 ^{1}H、^{13}C），其 I 的值非 0。I 值为 1/2 的原子核可以看做是一种电荷分布均匀的自旋球体。I 值大于 1/2 的原子核可以看作是一种电荷分布不均匀的自旋椭球体。I 值非 0 的核在一个外加的高场强的静磁场中会分裂成 $(2I+1)$ 个核自旋能级（核磁能级），各个能级间的能量间隔为 ΔE。若对指定的核素施加一个频率为 ν 的电磁波，当其辐射能量 $h\nu$ 恰好与该核的磁能级间隔 ΔE 相等时，核体系将吸收电磁辐射而产生能级跃迁，产生"核磁共振"。^{1}H 的原子核自旋量子数 I 的值为 1/2。^{1}H 原子核在外磁场中的自旋分裂成两种不同的能级，一个能量较低，另一个能量较高。处于外磁场中的 ^{1}H 原子核接受一定频率的电磁波辐射，当辐射的能量恰好等于自旋核两种不同状态的能量差时，电磁波的能量才能够有效地被 ^{1}H 原子核吸收，^{1}H 原子核从低能态跃迁到高能态，产生 ^{1}H 的核磁共振（用 ^{1}H-NMR 表示）。

有机化合物分子中的各个氢原子处在不同的化学环境中（每个氢原子处于不同的基团中，并和不同的基团或原子相邻），例如乙醇分子（CH_3CH_2OH）中有 6 个氢原子，3 个位于甲基—CH_3 中，两个位于亚甲基—CH_2 中，1 个在醇羟基中。甲基、醇羟基分别处于分子的两端，甲基和亚甲基相连，而亚甲基分别和甲基、醇羟基连接。因此乙醇分子中，6 个氢原子所处的化学环境有三种。

把有机化合物样品置于给定的外加强磁场中，化学环境不同的氢原子产生共振时吸收电磁波的频率不同。利用高分辨^{1}H核磁共振谱仪（或称^{1}H核磁共振谱仪）记录所形成的吸收光谱，就可以得到该样品的^{1}H原子核的核磁共振图谱。图9-2是乙醇的^{1}H原子核的核磁共振图谱。图谱中纵坐标对应于在某频率^{1}H原子核所吸收的能量，横坐标表示外加磁场频率的变化（或与频率相对应的吸收峰的位移值）。处在不同环境中的氢原子因产生共振时吸收电磁波的频率不同，记录到的吸收峰在图谱上出现的位置也不同。分子中有几种不同化学环境的^{1}H核，就会出现相应数目的信号峰。如果分子中只有一种化学环境相同的^{1}H核，则只出现一种信号峰。如甲烷分子中的4个氢原子属于化学环境相同的^{1}H核，其信号峰就只有一个。对二甲苯分子中两个甲基上的6个^{1}H核与苯环上的4个^{1}H核所处化学环境不同，其^{1}HNMR谱中有两种信号峰。图9-2显示，乙醇分子中有三个处于不同位置的吸收峰，说明分子中有三种化学环境不同的氢原子。

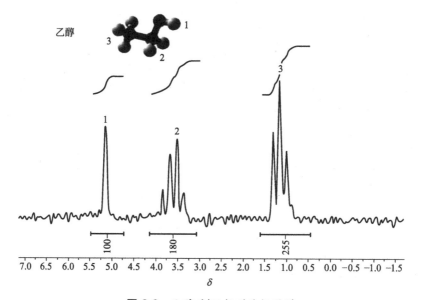

图9-2　乙醇的^{1}H核磁共振图谱

从^{1}H原子核的核磁共振图谱可以看到，不同化学环境中氢原子形成的吸收峰出现的位置不同，吸收峰的强度（积分面积）比不同，吸收峰还发生不同情况的裂分。这是为什么？

不同化学环境中氢原子形成的吸收峰出现的位置不同，是由于原子的核外电子在外磁场作用下也会产生感应磁场$H_{感应}$，它的方向与外加磁场方向相反，会抵消一部分外加磁场，产生"屏蔽效应"。由于存在屏蔽效应，必

须提高外加磁场强度，才能发生 ^1H 核磁共振。有机化合物分子中，化学环境不同的 ^1H 原子，受到的屏蔽作用不同，发生核磁共振所需要吸收的电磁波能量会发生变化，频率会发生偏移。人为规定，不存在屏蔽效应时 ^1H 原子核发生核磁共振所需要吸收的电磁波频率，与存在屏蔽效应实际所需要的共振吸收频率之差称为"相对位移（δ）"。四甲基硅烷 $[(CH_3)_4Si$（简称 TMS）$]$ 分子中 12 个氢原子化学环境相同，核磁共振波谱的波峰是一个单峰，通常把它置于波谱的原点（$\delta=0$），作为标准物质。如果某个有机化合物分子中的某个 ^1H 核的共振吸收峰出现在原点的左侧（低场方向），则 δ 为正值，反之若某 ^1H 核的共振峰出现在原点的右侧（高场方向），则 δ 为负值。该 ^1H 核的共振峰与四甲基硅烷峰之间的距离就是它的化学位移值。有机化合物分子中的各种结构因素将导致共振吸收波谱中的化学位移方向和 δ 值不同。处于同一化学环境中的 ^1H 核数目不同，^1HNMR 谱中信号峰（共振吸收峰）的强度也不同，显示信号强度的信号峰的积分面积大小也不同。各个信号峰的积分面积比表示不同化学位移的质子数之比。图 9-3 为对二甲苯的 ^1HNMR 图谱，其中最右边的原点位置上的吸收峰是 TMS 分子核磁共振波的波峰。对二甲苯的甲基和苯环上的氢原子的吸收峰位移 δ 为正值，且数值不等。图谱中绘出的积分曲线显示两个特征吸收峰面积比为 3：2，对应于分子中两个甲基上的 6 个氢原子与苯环上的 4 个氢原子的比例。在图 9-2 乙醇的 ^1HNMR 图谱上部，也绘有积分曲线，显示乙醇分子中三种氢原子数目比为 3：2：1。

　　处于不同化学环境中的 ^1H 核，受到各种结构因素的不同影响，不仅产生的 ^1H 核磁共振谱中的化学位移不同，邻近基团之间存在的相互作用还会导致谱峰有更精细的裂分。在 ^1HNMR 谱中，等价的氢核共振信号一般表现为一个单峰，但是，分子中相邻碳原子上所连接的氢原子会引起吸收峰发生裂分。当只有一个相邻碳或两个相邻碳上的氢原子数相同时，核磁共振谱中信号分裂成多重峰的数目为 $n+1$（相邻碳上所连接的氢原子数目为 n）。例如，CH_3CH_2OH 中，$—CH_3$ 应该分裂成 3 重峰，$—CH_2$ 应该分裂成 4 重峰。当一组化学环境相同的氢原子的两个或三个邻近碳上的氢原子数不相同时（分别为 n、n'、n''），峰的裂分数目为 $(n+1)(n'+1)(n''+1)$。例如化合物 $Cl_2CH—CH_2—CHBr_2$ 中，两端两个基团 $—CHCl_2$ 和 $—CHBr_2$ 中的 H 并不相同，$—CH_2—$ 应该裂分成为 $(1+1)(1+1)=4$ 重峰。又如氯乙烷（CH_3CH_2Cl）分子中甲基、亚甲基上的 ^1H 的化学环境不同，其 ^1HNMR 图谱中出现两个峰。每个峰还出现不同情况的谱线裂分，甲基的峰裂分为 3 重

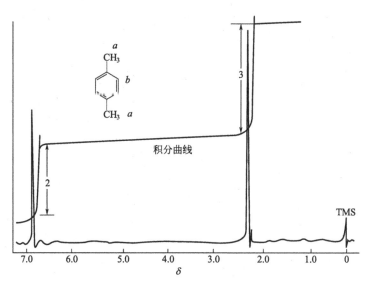

图 9-3 对二甲苯的 ^{1}HNMR 图谱

峰，而亚甲基的峰裂分为 4 重峰。利用峰的裂距的大小与形状还可进一步确定分子内部相邻基团的连接关系。

根据不同基团中 ^{1}H 核的化学位移在各自特定的区域内出现的特点可以确定化合物分子中官能团的种类，推断分子的化学结构。例如，烷烃氢核的 δ 在 $0.9 \sim 1.3$，烯烃氢核的 δ 在 $4.8 \sim 7.5$，芳香烃氢核的 δ 一般在 $6.0 \sim 9.5$，醛基氢核的 δ 在 $9.0 \sim 1$。

总之，^{1}H 核磁共振谱上峰的位置、数目、强度以及峰裂分的情况都与分子结构密切相关。依据核磁共振氢谱图提供的信息可以推测有机化合物分子中处于不同化学环境的氢原子的数目，以及氢原子相邻基团的结构等信息，了解氢原子在有机化合物碳骨架上的位置。

例如，对甲基苯甲醛的 ^{1}HNMR 图谱如图 9-4 所示。从图中可以看到三组峰，位移分别是 2.6、8.1、10.3，它们分别是—CH_3、—C_6H_4、—CHO 基团。三组峰的积分面积比为 $3.00 : 3.76 : 1.07$，和各基团中的氢原子数比 $3 : 4 : 1$ 相对应。—C_6H_4 基团和—CH_3 相邻，裂分为四重峰。因此，可推断其分子结构式为 H_3C—C_6H_4CHO。

又如，从分子式为 C_8H_{10} 的化合物的 ^{1}HNMR 谱图（图 9-5），可以看到，三组峰的化学位移 δ 分别在 1.2、2.6、7.3。从三组峰的化学位移可以知道它们分别是—CH_3，—CH_2—，—C_6H_5 基团。峰的积分面积表明 3 个基团分别含 3、2、5 个氢。因为—CH_2 基团中含有 $n = 2$ 个氢，与它连接基

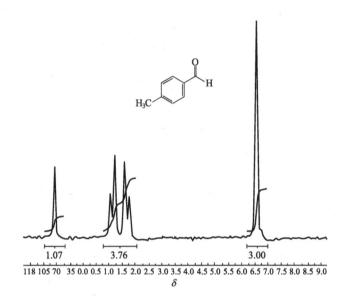

图 9-4　对甲基苯甲醛的 ^{1}HNMR 图谱

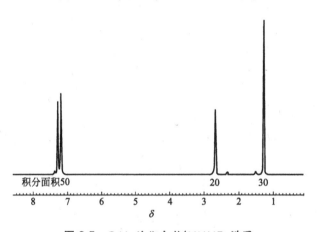

图 9-5　C_8H_{10} 的化合物 ^{1}HNMR 谱图

团（甲基）上的氢便裂分成 $n+1=2+1=3$ 重峰。—CH_2—基团受到与其连接的—CH_3 的影响，呈 $n+1=3+1=4$ 重峰。可见，该分子必然存在着 CH_3—CH_2—基团，进一步剖析谱图，可推断该化合物应为乙基苯。

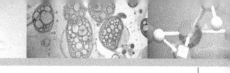

10

认识自然界中最神奇的化学反应

化学反应是化学世界舞台上的精彩演出。有了千奇百怪的化学反应，物质世界才会是五彩缤纷的；有了化学反应，地球上才有了生命，所有的生物才能从阳光中获取能量，得以生存、繁衍；有了化学反应，化学家才能设计化学工艺与方法，利用自然界存在的物质，制造合成出世界上原本没有的物质，满足人们不断增长的物质需求；有了化学反应，科学家才有可能引领人们探索保护地球生态环境的方法，采取措施克服日益增多的环境问题、能源短缺问题，提出科学饮食的建议，开发各种医药与治疗方法，保护人类的健康。

自然界中最神奇也最重要的化学反应之一是光合作用。

10.1 为什么说光合作用是重要而神奇的化学反应

绿色植物的叶绿素能利用太阳光，将吸收的二氧化碳气体和水同化为糖类化合物，并释放出氧气，这就是光合作用（图 10-1）。其总反应式如下：

$$CO_2 + H_2O \xrightarrow[\text{叶绿体}]{\text{光}} (CH_2O) + O_2$$

光合作用是地球上规模最大的把太阳能转变为可贮存的化学能的过程，也是规模最大的将无机物合成有机物和释放氧气的过程。科学家把生物界中能够利用太阳能制造食物供自我代谢需要的生物，称为光合自养生物。光合

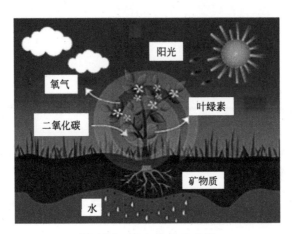

图 10-1　光合作用示意图

自养生物吸收二氧化碳转变成有机物的过程叫碳素同化作用。碳素同化作用形成了大气层中的氧气，为真核生物的产生创造了条件。

地球最初诞生时是没有氧气的。25 亿年前，原始生命蓝菌在地球上出现。它们以水为电子供体，利用日光能二氧化碳还原为有机碳化合物，并释放出氧气。由此，大气圈中的氧气开始积累，并形成了臭氧层。大气圈中有了臭氧层，太阳紫外辐射强度大大减弱，生物生存范围扩大，为生物分化提供了条件。可以说，没有光合作用就不会有生物进一步繁荣和演化，更不会有人类出现。人类所需要的多种生产、生活资料都是由光合作用产生的，如果没有光合作用就不会有人类的生存与发展。

光合作用在自然界中的作用可以概括归纳为：

（1）合成有机物，为人类和动物提供食物和工业原料。绿色植物能够大规模地制造有机物，据统计，地球上的自养植物每年通过光合作用可同化约 2×10^{11} 吨碳元素（以葡萄糖计算约为 $4 \times 10^{11} \sim 5 \times 10^{11}$ 吨，其中，40％由漂游植物同化，60％由陆生植物同化），超过世界上其他物质生产的总量。

（2）蓄积太阳能。在同化无机含碳化合物为有机含碳化合物的同时，把一部分太阳射向地表的光能，转变为化学能贮藏在有机物中。

（3）调节大气成分，使大气中的 CO_2 和 O_2 的含量稳定。生物呼吸和工业生产消耗 O_2 的速度达 13 吨/秒，并且不断释放出 CO_2。若没有光合作用，以这样的速度计算，大气中的 O_2 在 3000 年后即将消失，被 CO_2 所代替。所幸，绿色植物在吸收 CO_2 的同时每年能释放 5.35×10^{11} 吨 O_2，所以大气中的 O_2 含量仍然维持在 21％。

目前人类面临着食物、能源、资源、环境和人口五大问题，这些问题的

解决途径都和光合作用有着密切的关系。深入探讨光合作用的规律，弄清光合作用的机理，研究同化物的运输和分配规律，对于有效利用太阳能、使之更好地服务于人类，具有重大的理论和实际意义。

10.2 人类探索光合作用的历程

光合作用包含一系列精巧和快速的化学反应，它的发现距今只有 200 多年。人类经过 200 多年的探索，已经取得了很大的进展，但仍然没有完全揭示它的奥秘。

1627 年，荷兰人范·埃尔蒙做了盆栽柳树称重实验，得出植物的重量主要不是来自土壤，而是来自水的推论。

1642 年，比利时科学家海尔蒙特（Jan Baptist van Helmont）做了类似范·埃尔蒙的实验：将一棵重 2.5 千克的柳树苗栽种到一个木桶里，木桶里盛有事先称过重量的土壤。以后，他每天只用纯净的雨水浇灌树苗。为防止灰尘落入，他还专门制作了桶盖。五年以后，柳树增重 80 多千克，而土壤却只减少了 100 克，海尔蒙特为此提出了建造植物体的原料是水分这一观点。但是当时他却没有考虑到空气的作用。

1771 年，英国化学家普里斯特利（J. Priestley）发现将薄荷枝条和燃烧着的蜡烛放在一个密封的钟罩内，蜡烛不易熄灭；将小鼠与绿色植物放在同一钟罩内，小鼠也不易窒息死亡。1776 年，他提出植物可以"净化"由于燃烧蜡烛和小鼠呼吸弄"坏"的空气。后来，人们把 1771 年定为发现光合作用的年代。

1779 年，荷兰的英格豪斯（J. Ingen-housz）证实，植物只有在光下才能"净化"空气。

1782 年，瑞士的塞尼比尔（J. Senebier）用化学分析方法证明，光合作用必需有 CO_2 参加，O_2 是光合作用的产物。

1804 年，法国的索叙尔（N. T. De Saussure）进行了光合作用的第一次定量测定，指出水参与光合作用，植物释放 O_2 的体积大致等于吸收 CO_2 的体积。

1864 年，德国的萨克斯（J. V. Sachs）把绿色植物叶片放在暗处几个小时，目的是让叶片中的营养物质消耗掉，然后把这个叶片一半曝光，一半遮光。过一段时间后，用碘蒸气处理。他发现遮光的部分没有发生颜色的变

化，曝光的那一半叶片则呈深蓝色。他用实验成功地证明绿色叶片在光合作用中产生淀粉，从而证明光合作用形成有机物。

1880 年，美国科学家恩格尔曼（G. Engelmann）把载有水绵和好氧细菌的临时装片放在没有空气、黑暗的环境里，然后用极细的光束照射水绵。通过显微镜观察发现，好氧细菌只集中在叶绿体被光束照射到的部位附近；如果上述临时装片完全暴露在光下，好氧细菌则集中在叶绿体所有受光部位的周围。恩格尔曼的实验证明：氧是由叶绿体释放出来的，叶绿体是绿色植物进行光合作用的场所。

19 世纪末，人们写出了如下的光合作用的总反应式（式 1）：

$$6CO_2 + 6H_2O \xrightarrow[\text{叶绿体}]{\text{光}} C_6H_{12}O_6 + 6O_2 \tag{1}$$

1913 年，叶绿素的化学组成被发现。1937 年，英国人希尔（R. Nill）发现光照射离体叶绿体可以将水分解释放氧气，并且在任何氧化剂存在下，同时可以将 CO_2 还原为糖。

1940 年，叶绿素的结构被确定。1941 年，美国科学家鲁宾（S. Ruben）和卡门（M. Kamen）采用同位素标记法研究了"光合作用中释放出的氧到底来自水，还是来自二氧化碳"这个问题，这一实验有力地证明了光合作用释放的氧气来自水（式 2）。

$$CO_2 + 2H_2^{18}O \xrightarrow[\text{叶绿体}]{\text{光}} (CH_2O) + {}^{18}O_2 + H_2O \tag{2}$$

式中反应生成物（CH_2O）表示糖类分子的基本单元。

1946 年起，美国科学家卡尔文（M. Calvin）用 ${}^{14}C$ 标记的 CO_2（其中碳为 ${}^{14}C$）供小球藻（一种单细胞的绿藻）进行光合作用，然后追踪检测其放射性，经过 9 年时间最终探明了二氧化碳中的碳在光合作用中转化成有机物中碳的途径，这一途径被称为"卡尔文循环"。他的研究发现叶绿体内的一种五碳糖起了二氧化碳接收器的作用，在一系列的酶促反应中，不断地循环同化二氧化碳，形成六碳糖，并聚合成蔗糖或淀粉。

1954～1955 年，美国科学家用实验证实叶绿体不仅能放氧，而且也能同化二氧化碳，叶绿体中的色素能吸收光子。1982 年，德国科学家提出了"光合作用中心"学说，发现了光合反应中心。

现在人们已清楚地认识了光合作用的反应物和生成物，并依据光合产物和 O_2 释放的增加或 CO_2 的减少来计算光合速率。

但是，要完全了解光合作用的演化历程非常困难，它的反应理机至今仍未被彻底了解。光合作用的起源和演化的秘密尚待破译。人们期望有朝一

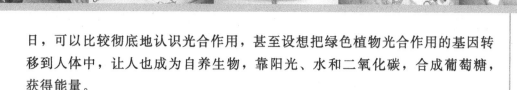

日，可以比较彻底地认识光合作用，甚至设想把绿色植物光合作用的基因转移到人体中，让人也成为自养生物，靠阳光、水和二氧化碳，合成葡萄糖，获得能量。

10.3 光合作用发生的场所

大家都知道绿色植物的叶片是光合作用的场所，叶绿素是光合作用必不可少的物质。但是许多人不知道一片薄薄的叶片，何以能完成那么伟大的化学反应，叶绿素所在的绿色植物叶片中存在怎样的秘密。科学家经过艰辛的探索，才知道叶绿素存在于绿色植物叶片的叶绿体中，叶绿体存在于叶片的叶肉细胞中。图 10-2 是叶绿体的构造示意图。

绿色植物叶片中有许多叶肉细胞。一个典型的叶肉细胞中含有 30～40 个叶绿体（叶绿体的数目因物种细胞类型、生态环境、生理状态而有所不同），可占细胞质的 40%。叶绿体像双凸或平凸透镜，由叶绿体外被、类囊体和基质三部分组成。叶绿体外被

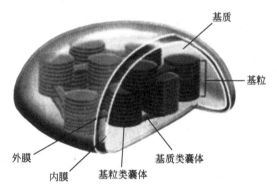

图 10-2　叶绿体构造示意图

由双层膜组成，膜间为 10～20 纳米的膜间隙。外膜的渗透性大，如核苷、无机磷、蔗糖等许多细胞质中的营养分子可自由进入膜间隙。叶绿体中有致密的液体基质，其中悬浮着称为类囊体的膜系统。叶绿体内类囊体紧密堆积，或重叠起来或复杂地折叠起来形成基粒。类囊体是光合作用的重要场所。光能的吸收激发、电子传递、ATP 合成都在类囊体上及其表面附近进行。类囊体中含有各种光合色素、光系统和电子传递系统、磷酸化偶联因子。

光合色素有叶绿素（叶绿素 a 和叶绿素 b）、类胡萝卜素（胡萝卜素和叶黄素），它们都能吸收光能。植物叶绿体中全部的叶绿素和类胡萝卜素都包埋在类囊体膜中，并以非共价键与蛋白质结合在一起，组成色素蛋白复合

图中标注：基质、基粒、外膜、内膜、基粒类囊体、基质类囊体

体，各色素分子在蛋白质中按一定的规律排列和取向，高效地吸收和传递光能。四种光合色素中，叶绿素主要吸收蓝紫光和红光，胡萝卜素和叶黄素主要吸收蓝紫光（图 10-3）。这些色素吸收的光都可用于光合作用。

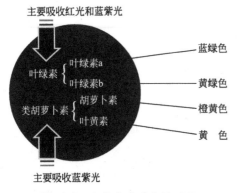

图 10-3　光合色素对光的吸收

叶片中叶绿素的含量最多，遮蔽了其他颜色，而且叶绿素吸收绿光最少，绿光被反射，所以叶片通常呈现绿色。一般情况下，叶片中叶绿素与类胡萝卜素的比值约为 3：1。秋天叶片中的叶绿素较易降解，数量减少，而类胡萝卜素比较稳定，所以叶片呈现黄色。

高等植物中的叶绿素主要有叶绿素 a（$C_{55}H_{72}O_5N_4Mg$）和叶绿素 b（$C_{55}H_{70}O_6N_4Mg$）两种。它们不溶于水，而溶于有机溶剂。通常用 80% 的丙酮（或丙酮：乙醇：水＝4.5：4.5：1 的混合液）来提取叶绿素。在颜色上，叶绿素 a 呈蓝绿色，而叶绿素 b 呈黄绿色。按化学性质来说，叶绿素是叶绿酸的酯，能发生皂化反应。叶绿酸是双羧酸，其中一个羧基被甲醇所酯化，另一个被叶醇所酯化。

叶绿素 b 与叶绿素 a 很相似，叶绿素 a 第二个吡咯环上的一个甲基（—CH_3）被醛基（—CHO）所取代，即为叶绿素 b（图 10-4）。

叶绿素　a，R＝CH_3
叶绿素　b，R＝CHO

卟啉环用红色标示

图 10-4　叶绿素的结构图式

叶绿素分子含有一个卟啉环的"头部"和一个叶绿醇（植醇，phytol）的"尾巴"。卟啉环由四个吡咯环以四个甲烯基（—CH ＝）连接而成。镁原子居于卟啉环的中央，偏向于带正电荷，与其相联的氮原子则偏向于带负

电荷，因而卟啉具有极性，是亲水的，可以与蛋白质结合。另外还有一个含羰基和羧基的同素环，羧基以酯键和甲醇结合。环Ⅳ（图10-5）上的丙酸基侧链以酯键与叶绿醇相结合。叶绿醇是由四个异戊二烯单位组成的双萜，是一个亲脂的脂肪链，它决定了叶绿素的脂溶性。卟啉环上的共轭双键和中央镁原子易被光激发而引起电子得失，从而使叶绿素具有特殊的光化学性质。以氢的同位素氘或氚试验证明，叶绿素不参与氢的传递或氢的氧化还原，而仅以电子传递（即电子得失引起的氧化还原）及共轭传递（直接能量传递）的方式参与能量的传递。卟啉环中的镁原子可被 H^+、Cu^{2+}、Zn^{2+} 所置换。用酸处理叶片，H^+ 易进入叶绿体，置换镁原子形成去镁叶绿素，使叶片呈褐色。去镁叶绿素易再与铜离子结合，形成铜代叶绿素，颜色比原来更稳定。人们常根据这一原理用醋酸铜处理叶片来保存绿色植物标本。绝大多数的叶绿素 a 分子和全部的叶绿素 b 分子具有吸收光能的功能，并把光能传递给极少数特殊状态的叶绿素 a 分子，发生光化学反应。

图 10-5　叶绿素 a 的结构示意图

前面的章节中已经提到，光是一种电磁波，同时又是运动着的粒子（光子或光量子）流。光子携带的能量与光的波长成反比。太阳辐射到地面的光，波长大约为300～2600纳米。能引发光合作用的可见光的波长在400～700纳米之间。从叶绿体色素的吸收光谱发现，叶绿素对光波吸收最强的区域，一个在波长640～660纳米的红光部分，另一个是在波长430～450纳米的蓝紫光部分。

叶绿素分子吸收光量子后，就由最稳定的、能量最低的状态（基态）上升到不稳定的高能状态（激发态）。处于激发态的叶绿素分子能失去电子，使得到电子的物质还原。

高等植物中的叶绿素是怎么合成的呢？

研究发现，高等植物以谷氨酸与 α-酮戊二酸作为原料，在光照、水的存在下，在酶的作用下，经过一系列反应，与镁离子结合，生成叶绿素。光照、水是叶绿体发育和叶绿素合成必不可少的条件。叶绿素形成的最低温度约为 2~4℃，最适宜的温度是 20~30℃，最高温度为 40℃ 左右。氮和镁是叶绿素合成的必要元素，铁、铜、锰、锌是叶绿素合成过程中酶促反应的辅因子。

光合色素中的类胡萝卜素是由八个异戊二烯单位组成的，含有 40 个碳原子，属于四萜化合物，不溶于水，而溶于有机溶剂。叶绿体中的类胡萝卜素分为胡萝卜素（图 10-6）和叶黄素（图 10-7），前者呈橙黄色，后者呈黄色。胡萝卜素是不饱和的烃类化合物，分子式是 $C_{40}H_{56}$，有 α、β、γ 三种同分异构体。在一些真核藻类中还含有 ε 类胡萝卜素。叶子中常见的是 β-胡萝卜素，它在动物体内水解后即转变为维生素 A。叶黄素是由胡萝卜素衍生的醇类，分子式是 $C_{40}H_{56}O_2$。胡萝卜素和叶黄素的吸收光谱与叶绿素不同，它们的最大吸收带在 400~500 纳米的蓝紫光区，不吸收红光等长波光。

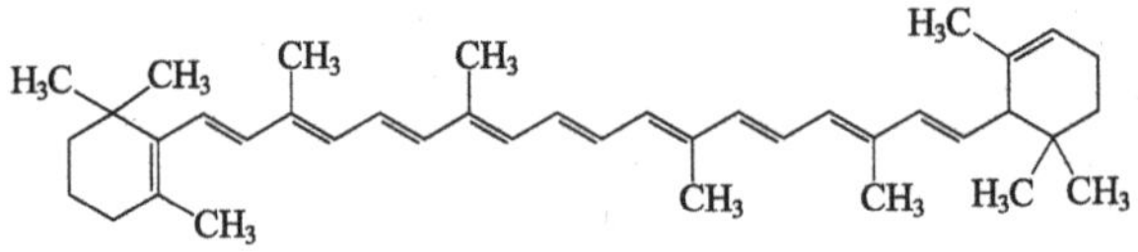

图 10-6　胡萝卜素结构式

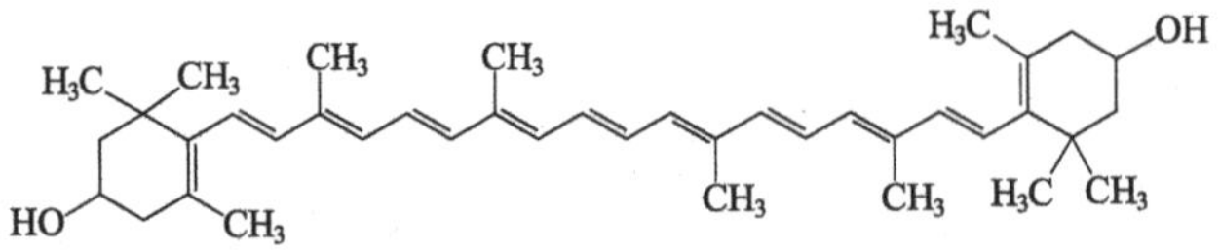

图 10-7　叶黄素的分子结构式

10.4　光合作用的机理

了解了光合作用的场所，我们就可以来粗略地了解光合作用的机理。

光合作用是一种复杂的氧化还原反应。二氧化碳（CO_2）是光合作用的氧化剂（其中 C 处于氧化态），水（H_2O）是还原剂（水中的 O 处于还原态），碳水化合物（$C_6H_{12}O_6$）是还原产物（其中的 C 处于还原态）。从能量转化的角度看，光合作用把太阳光的光能转化成电能，经电子传递产生 ATP 和 NADPH 形式的不稳定化学能，再转化成稳定的化学能储存在糖类化合物中。发生的物质转化过程是：

$$CO_2 + H_2O \xrightarrow[\text{叶绿体}]{\text{光}} (CH_2O) + O_2$$

光合作用过程中，每还原 1 摩尔 CO_2，有 4 摩尔电子发生转移，消耗 114 千卡/摩尔的能量。

光合作用可分为光反应和暗反应两个阶段，包括三个互相联系的过程：原初反应、电子传递和光合磷酸化、碳同化过程。前两个过程是光反应阶段，后一过程是暗反应阶段。图 10-8 和表 10-1 简单介绍了光合作用的基本过程。

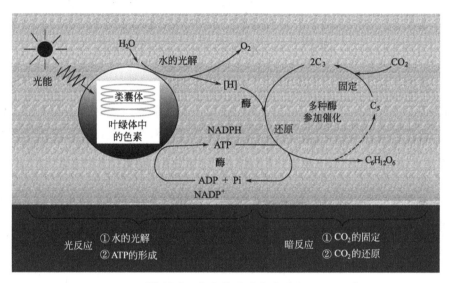

图 10-8 光合作用的基本过程

光反应需要吸收光能，发生水的光解和光合磷酸化作用。暗反应不需要光，主要进行 CO_2 的固定。两个阶段相互依赖，光反应时吸收的能量，供给暗反应时合成高能量多糖的需要。近年来的研究表明，光反应的过程并不都需要光，而暗反应过程中的一些关键酶活性也受光的调节。

表 10-1 光合作用的主要反应过程

反应过程	原初反应	电子传递和光合磷酸化	碳同化过程
光、暗反应	光反应	光反应	暗反应
能量转变	光能——→电能——→活跃化学能——→稳定化学能		
贮存能量	量子	电子、ATP，NADPH	碳水化合物等
时间跨度/秒	$10^{-15} \sim 10^{-9}$	$10^{-10} \sim 10^{-4}$，$1 \sim 10$	$10 \sim 100$
反应部位	基粒类囊体膜		叶绿体基质
光、温条件	需光，与温度无关	不都需要光，但受光促进，与温度无关	不需光，但光、温可促进反应

表 10-1 的第 1 行，列出了光合作用的三个过程。第 1 列列出了从 6 个方面说明三个反应过程（原初反应、电子传递和光合磷酸化、碳同化过程）的要目。

以下分别从光反应阶段、暗反应阶段，简要地介绍光合作用的机理。

(1) 光反应阶段 利用太阳能，经过光能的吸收、传递与光化学反应，产生生物代谢中的高能物质 ATP（三磷酸腺苷）和 NADPH（还原辅酶Ⅱ）。水在这个过程中被分解，氧气作为副产品被释放出来。

光反应阶段在类囊体膜（光合膜）上进行，包括两种反应：

① 原初反应——植物叶片中光合色素分子对光能的吸收、传递与转换过程。反应的速度非常快，在皮秒（ps，10^{-12}s）与纳秒（ns，10^{-9}s）内完成。根据功能来区分，类囊体膜上的光合色素有两种：一种是反应中心色素（如少数特殊状态的叶绿素 a 分子），它具有光化学活性，既能捕获光能，又能将光能转换为电能；另一种是捕光色素（又称天线色素，包括绝大部分叶绿素 a 和全部的叶绿素 b、胡萝卜素、叶黄素等），它没有光化学活性，能吸收光能，并把吸收的光能传递到反应中心色素。当波长范围为 400～700 纳米的可见光照射到绿色植物时，捕光色素分子吸收光量子而被激发，进行高速、高效的能量传递。大量的光能通过捕光色素吸收、传递到反应中心色素分子，引起光化学反应。光化学反应实质上是光在反应中心引起的氧化还原反应，完成了光能转变为电能的过程。

② 电子传递和光合磷酸化——反应中心色素受光激发，将光能变为电能，产生的电子经过一系列电子传递体的传递，引起水的分解，并释放氧。同时，$NADP^+$ 被还原为 NADPH，Pi（无机磷）与 ADP 合成 ATP，此过程称为光合磷酸化。光合磷酸化是光合作用中重要的能量传递过程，将电能转变成活跃的化学能。

(2) 暗反应阶段 利用光反应产生的 ATP 和 NADPH，在叶绿体基质中进行一系列酶催化的化学反应，推动光和碳循环，固定和还原二氧化碳，形成碳水化合物和其他物质，将活跃的化学能转化为稳定的化学能。

碳同化有三条途径，分别称为 C3、C4 和 CAM 途径。植物的光合碳同化途径具有多样性，这也反映了植物对生态环境多样性的适应。

植物光合作用的速率因植物种类品种、生育期、光合产物积累等的不同而有差异，也受光照、CO_2、温度、水分、矿质元素、O_2 等环境条件的影响。这些环境因素对光合作用的影响不是孤立的，而是相互联系、共同作用的。在一定范围内，各种条件越适宜，光合速率就越快。

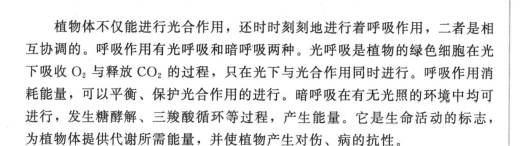

植物体不仅能进行光合作用，还时时刻刻地进行着呼吸作用，二者是相互协调的。呼吸作用有光呼吸和暗呼吸两种。光呼吸是植物的绿色细胞在光下吸收 O_2 与释放 CO_2 的过程，只在光下与光合作用同时进行。呼吸作用消耗能量，可以平衡、保护光合作用的进行。暗呼吸在有无光照的环境中均可进行，发生糖酵解、三羧酸循环等过程，产生能量。它是生命活动的标志，为植物体提供代谢所需能量，并使植物产生对伤、病的抗性。

10.5　研究光合作用的意义

光合作用是重大的生物科学命题，又与人类面临的粮食、能源、资源、环境、材料、信息科学与技术等问题密切相关。

近年来，工业的发展、化石燃料的大量消耗、森林的过度砍伐等因素使大气中二氧化碳浓度不断增加，导致全球气候变暖。能否利用光合作用优化空气成分，延缓地球变暖，十分值得探索。根据光合作用原理，可以研制高效的太阳能转换器，开辟太阳能利用的新途径。光合作用的研究，还可以为仿真模拟、生物电子器件和生物芯片的研制提供理论支持或途径，从而影响21世纪新兴产业的发展。光合作用已成为当前国际上科学研究的热点。

关于光合作用的研究涉及许多方面。如提高光合作用中的光能利用率。现在世界上每年通过光合作用固定2200亿吨生物质，相当于世界上所有能耗的十倍。但是，目前植物的光能利用率还很低，作物现有的产量与理论值相差甚远。水稻与小麦的高产品种的光能利用率仅为 $1\%\sim1.5\%$，而甘蔗或者玉米的光能利用率约为 5%。如果人类可以人为地调控光能利用效率，农作物产量就会大幅度增加。要提高光能利用率，就应减少漏光等现象造成的光能损失和提高光能转化率，主要通过适当增加光合面积、延长光合时间、提高光合效率、提高经济产量系数和减少光合产物消耗等措施来实现。此外，关于光合作用的研究还有利用光合作用制氢。通过高新技术转化，可以让有些藻类在光合作用的调节与控制下直接产生氢。

彻底了解光合作用的机理，为模拟光合作用奠定基础。人类的一个长远理想是通过模拟光合作用，从工厂里直接获取食物。光合作用过程中能量的吸收、传送和转化都是在叶绿体的色素蛋白复合体和有关的电子载体中进行的。从光能吸收到电荷分离，发生了一系列涉及光子、激子、电子、离子等传递和转化的复杂物理和化学过程，只需要不到万分之一秒的时间。在光合膜系统中，在最适宜的条件下，能量传递的效率可高达 94%～98%。在反应中心，只要光子能传递到其中，能量转化的量子效率几乎为 100%。光合作用在常温常压下就能使水裂解释放出氧气，这种高效机制是当今科学技术远远不能企及的。

彻底揭开光合作用的谜团，要依赖于多学科的交叉研究，依赖于高度纯化和稳定的捕光及反应中心复合物的获得，要应用当代各种复杂的超快手段和物理、化学技术与理论分析。当代几乎所有的物理、化学学科中，最先进的设备与技术都可以用到光合作用研究中来。

CHAPTER 11

植物世界里的化学

植物界不仅是一部鲜活多彩的生物教科书,也是一部内容丰富有趣的化学教科书。前面已经讨论的光合作用,就是植物世界中最神奇伟大的化学反应。植物世界里,绿色植物除了通过光合作用,利用太阳能为自己和其他生物提供食物和能量外,在其生长过程中还能通过化学反应创造许许多多具有特殊性能的化合物。有的植物能巧妙地利用所制造的化学物质传递信息,联系同伴,抗击异类,保护自己,维护种群的繁衍;有的植物能利用其所制造的化学物质净化大气和土壤;有的植物的生长、繁衍,能间接地为人类提供周围区域的土壤和大气信息,帮助人类了解、认识地域的自然条件。不少植物的生长、繁衍各具特色,其中蕴含的化学信息能给人类许多宝贵的启示,启迪人们的创造灵感。

11.1 绿色植物是太阳能转化和贮存的高手

采集阳光是植物十亿多年前掌握的本领,绿色植物利用太阳能,通过周围的空气和水进行光合作用养活自身,也养活了地球上的各种食草动物和人类。地球上有了植物,动物和人类才能通过食用植物,把植物体中各种化合物消化、吸收,通过水解、氧化等化学反应,获得营养物质和能量。

　　绿色植物是太阳能转化和贮存的高手。科学家们为了提高太阳能的利用率，想尽办法，但是至今还没有找到能像绿色植物的叶绿素那样能进行光合作用、高效地利用太阳能的物质。能进行光合作用的生物主要是高等绿色植物和光能自养细菌。光合作用涉及大量化学反应和复杂的生物学变化。其中还有不少反应，有待人们去认识。

图 11-1　人造树叶

　　化学家希望有一天能揭开"植物守护着的秘密"——如何高效地把水分解成氢气和氧，将二氧化碳加氢转化为有机化合物。为此，许多科学家做了有益的探索。例如，2015年美国《国家科学院学报》发表的一篇论文，报道了美国麻省理工学院、哈佛医学院和威斯生物工程研究所的一项研究成果。研究者们受树叶的启发，创造出一种利用细菌将太阳能转化为液体燃料的"人造树叶"系统（图 11-1）。这种人造树叶，能使用无机催化剂使阳光将水分解为氢气和氧气，并利用一种细菌将二氧化碳加氢转化为液体燃料异丙醇。人造树叶是由三层很薄的太阳能硅电池材料压制成片状太阳能电池，然后在电池的阳面（朝向阳光的一面）镀上镍、钼、锌三种元素合成的一种催化剂，在阴面（背向阳光的一面）镀上含钴元素的一种催化剂。这些无机催化剂和细菌的生长条件极为适合和匹配。把这种太阳能电池板浸入水中，阳面产生的正电荷穿过硅电池片抵达阴面，把水分子电离成氧分子和带正电的氢离子，氢离子游到阳面与残留在阳面上的负电荷中和后生成氢分子，释放出氢气。产生的氢气用来"喂"养一种真氧产碱杆菌，这种细菌中的一种酶能把氢还原成质子和电子，并将它们与二氧化碳结合，复制更多的细胞，并通过新陈代谢过程制造异丙醇。目前，这种装置的能量转化率还比较低（在实验室中只有 4.7%），生成氢气的速度较慢。研究团队还在研究如何优化催化剂和改善细菌的工作效果，以提高仿生叶片转换太阳能为生物质的能力，并希望把装置发展到产业化水平。这一装置的工作过程与植物的光合作用十分相似，所用的材料十分丰富而且价格便宜，另外其能长时间稳定地生成氢气。

11.2 植物是化学信息利用的高手

植物在自然界中的正常生长、繁衍，会受到许多因素的影响。植物需要自我保护，个体间需要交流，共同抵御病虫害。

科学家认为植物之间的交流靠自身释放化学物质来实现，用化学物质的味道来表达。例如松香味、柠檬味就是植物释放出的化学物质，被称为"生物合成的挥发性有机化合物"（BVOCs）。这些挥发性有机物既是植物的代谢产物，也是植物与植物、植物与其他有机体之间传递信号的媒介、"语言"。植物释放挥发性化合物是"说话"，通过叶片气孔摄入气体化合物就相当于"听话"。

植物的"语言"实质上是"化感作用"，即植物或微生物的某些代谢分泌物对环境中其他植物或微生物发生的有利或不利的作用。长期生活在一个地域的各类本土植物之间，释放的化合物会互相抑制，追求一种平衡，达到共存的状态。当一株植物在毫无防备时遭遇病虫害，此时它会释放一种化合物，启动相邻植株的防御基因。这相当于通知周围的同伴危险来了，而这些同伴则利用自身抗病相关基因的表达，来共同抵抗入侵者。研究发现，除虫菊在受到伤害时释放出的化合物可以诱导相邻植株合成除虫菊酯。而有些人为引入的入侵植物（如一枝黄花），会利用释放的化合物来杀死、驱赶其他植物，达到"一家独大"的目的。

植物说话被植食性昆虫"窃听"可能招来"杀身之祸"。不同植物释放的化合物气味不同，植食性昆虫通过气味就可找到想吃的植物。而大部分植物在被蚕食时，会改变释放化合物成分的比例，来让自己不那么"可口"，让昆虫对它失去兴趣。还有一些植物会释放出另一种化合物去吸引昆虫的天敌来杀灭自己的敌人。但被昆虫吃到什么程度，植物才开始分泌挥发性有机物，即植物释放信号的响应时间为多少，目前还没有准确的研究数据。

植物为维系各种族之间的种群平衡，会利用各种化学物质开展"化学战"。研究发现，植物所利用的化学武器大多是有机化合物。如有机酸（香草酸、肉桂酸、乙酸、氢氰酸等）、有机碱（奎宁、丹宁、小檗碱、核酸嘌呤等）、醌类（胡桃醌、金霉素、四环素等）、萜类、甾类、醛、酮、卟啉等等。不同种群的植物，能利用不同的化学武器，并分别将它们集中贮存在

根、茎、叶、花、果实及种子中待用。

　　不同植物使用这些化学武器的方式、方法不同。有些植物把毒素释放于大气中，形成局部的大气污染，使周围其他植物中毒死亡。例如，风信子、丁香花、加洋槐都能采用"空战"制敌。加洋槐的树皮能挥发一种物质，可以杀死周围的杂草，使自己根株范围内的其他植物无法生长，以保障自己的营养供应。有些植物通过根尖把毒素排放到土壤中，抑制其他植物根系吸收营养。例如，高山牛鞭草的根部能分泌醛类物质，抑制豆科植物（旋扭山、绿豆）根系的生长，使这些豆科植物的根瘤菌明显减少。还有些植物把毒素溶于降雨和露水中，使对方中毒。如桉树叶的冲洗物，在天然条件下可以使禾本科草类和草本植物丧失"战斗力"而停止生长；紫云英叶面的致毒元素——硒，被雨淋入土中，就能毒死它身边的其他异种植物。

11.3　植物为人类提供宝贵的药物

　　绿色植物的根、茎、叶、花朵、果实中含有多种多样的化学物质，不仅为人们提供水分、糖类［包括单糖、二糖、多糖（淀粉和膳食纤维）］、植物油脂、植物蛋白、维生素、各种矿物质，还可以作为治病药物、香料、激素的化学成分。

　　我国的中草药就来自于植物，西药的发明和合成也有不少应归功于植物。

　　比如金鸡纳霜（又称奎宁，$C_{20}H_{24}N_2O_2$）和青蒿素的发现和应用。金鸡纳霜原是传教士从南美民间医学中发掘出来的一种草药。它是用南美秘鲁安第斯山脉热带雨林中的一种称为金鸡纳树（quia）的树皮制成的，当地人用它来治疗热带疾病。欧洲的传教士在那里得了热病，当地土著用金鸡纳霜治愈了他们。由此，金鸡纳霜成为传教士的必备药物，并广泛流行起来。1820年，法国化学家白里俤（Pelletier）与卡芬土（Caventou），从金鸡那树皮中分离出金鸡纳霜，并引用印加土语树名，称之为奎宁（或金鸡纳霜）。1850年左右，奎宁成为治疗疟疾的特效药物，被大规模使用。第二次世界大战期间美国的一个公司借鉴奎宁的结构，合成了药效良好的氯奎宁。氯奎宁在战后成为抗疟的最重要的药物。

　　由于引发疟疾的疟原虫产生了抗药性，20世纪60年代初，疟疾再次在

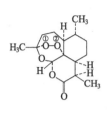

图 11-2 *屠呦呦从青蒿中提取出青蒿素，获得诺贝尔生理学或医学奖*

东南亚肆疟，疫情难以控制。青蒿是一种我国早就发现的药用植物。东晋的葛洪首次描述了青蒿的退热功能。李时珍的《本草纲目》说它能"治疟疾寒热"。1963 年版的《中国药典》中，也记载了青蒿主治"疟疾寒热"。20 世纪五六十年代，我国民间有成功使用青蒿治疗疟疾的记录。

1967 年 5 月 23 日，我国紧急启动代号为"523"的"疟疾防治药物研究工作协作项目"。1969 年 1 月，屠呦呦被任命为"523 项目"中医研究院科研组长。此前，国内其他科研人员已经筛选了 4 万多种抗疟疾的化合物和中草药，但还没有取得令人满意的结果。屠呦呦翻阅历代本草医籍，四处走访老中医，细心从群众来信中获取有用信息，整理出一张含有 640 多种草药（包括青蒿在内）的《抗疟单验方集》。

在最初的实验中，青蒿的疗效并不出色，屠呦呦的寻找也一度陷入僵局。当她再次翻阅古代文献，《肘后备急方·治寒热诸疟方》中的几句话引起了她的注意，"青蒿一握，以水二升渍，绞取汁，尽服之。"她发现了青蒿里的青蒿汁的提取、使用方法和中药常用的煎熬法不同，需要用水浸渍，温度控制可能是提取成败的关键。她改用沸点较低的乙醚在 60℃ 的温度下来制取青蒿提取物，获得了成功。1971 年 10 月 4 日，屠呦呦在实验室中观察到，这种青蒿提取物对疟原虫的抑制率达到了 100%。1972 年 3 月，屠呦呦在南京召开的"523 项目"工作会议上报告了实验结果。1973 年，青蒿结晶的抗疟功效在云南地区得到证实。"523 项目"办公室于是决定将青蒿结晶物命名为"青蒿素"，作为新药进行研发。

青蒿素的发现在全球范围内挽救了数百万人的生命。2001 年，世卫组织向恶性疟疾流行的所有国家推荐以青蒿素为基础的联合疗法，到 2007 年，在需要以青蒿素为基础的治疗方法的 76 个国家中，有 69 个已采纳世卫组织

的建议。

2015 年诺贝尔奖委员会授予屠呦呦诺贝尔生理学或医学奖，表彰她从中草药中找到了战胜疟疾的新疗法（图 11-2）。

又如白藜芦醇的发现和应用。白藜芦醇主要来源于蓼科植物虎杖的根茎、葡萄科植物葡萄果实的皮和籽、豆科植物花生的种子、桑椹等（图 11-3 上图）。它是一种天然活性成分，具有抗氧化效能，是一种重要的植物抗毒素。白藜芦醇的化学名称是（E)-3,5,4-三羟基二苯乙烯，它是非黄酮类的多酚化合物（图 11-3 下图）。白藜芦醇于 1939 年被首次发现，1992 年在商业葡萄酒中被首次发现。国外的大量研究证明，白藜芦醇是葡萄酒（尤其是红葡萄酒）中最重要的功效成分。

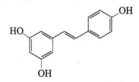

图 11-3 富含白藜芦醇的桑椹、葡萄

研究发现，白藜芦醇对激素依赖性肿瘤有明显的预防作用，具有抗病毒及免疫调节作用；还对骨质疏松、痤疮及老年痴呆症有预防作用，它可对人体内部一种单体抗衰老酶起作用，进而预防各种年龄相关疾病。一些人认为它具有延长预期寿命的潜在作用。世界卫生组织调查发现，尽管法国人偏爱奶酪等高脂肪食物，但他们的冠心病发病率和死亡率低于其他西方国家，其原因可能是与法国人常饮含白藜芦醇的葡萄酒有关。此后，白藜芦醇备受关注。上世纪末开始，天然白藜芦醇开始为人们所熟知。到目前为止至少已在21科、31属的72种植物中发现了白藜芦醇。

再如，从红豆杉树皮中分离的紫杉醇具有抗肿瘤活性的发现（图11-4上图），再一次向人们显示植物宝库在疾病治疗方面的巨大价值。紫杉醇在红豆杉树皮中含量低，1971年科学家才通过X射线分析确定了该活性成分的化学结构（图11-4下图）。研究证明，紫杉醇是治疗转移性卵巢癌和乳腺癌的最好药物之一，同时对肺癌、食道癌也有显著疗效，对肾炎及细小病毒炎症有明显抑制作用。此外，红豆杉的根、茎、叶都可以入药，可以治疗尿不畅、消除肿痛，对于糖尿病，女性月经不调、血量增加也有治疗作用。

红豆杉是世界上濒临灭绝的天然珍稀植物。它是第四纪冰川遗留下来的古老子遗树种，在地

图11-4　红豆杉以及紫杉醇的结构式

球上已存在250万年。红豆杉在自然条件下生长缓慢，再生能力差，是"植物界的大熊猫"。人们发现红豆杉树皮中分离出来的紫杉醇是抗肿瘤的活性成分之后，许多人蜂拥到红豆杉林区剥取红豆杉树皮，使得红豆杉的数量急剧下降。红豆杉1994年被我国定为"一级珍稀濒危保护植物"，也被全世界42个有红豆杉的国家称为"国宝"，联合国明令禁止采伐。

11.4　植物是消除大气和土壤污染的能手

绿色植物生长过程所发生的各种化学反应，产生的各种化学物质，使其成为天然的"空气净化器"、吸收土壤中有害物质的"宝贝"。

　　绿色植物不仅可以吸收利用大气中的CO_2，还可以吸收大气中的SO_2、HF、NH_3、Cl_2及Hg蒸气等污染大气、危害人体健康的气体。当然，这些有害气体的浓度应该在植物能忍受的限度之下，否则这些植物自身会被毒害致死。据统计，全世界一年排放的大气污染物不少于6亿吨，其中约有80%降到低空，除部分被雨水淋洗外，大约有60%依靠植物表面吸收掉。例如，广玉兰、银杏、中国槐、梧桐、樟树、杉、柏树、臭椿可以吸收空气中的SO_2，1公顷柳杉可吸收60公斤SO_2；油松、夹竹桃、女贞、连翘可以吸收Cl_2；构树、杏树、郁金香、扁豆、棉花、西红柿可以吸收HF；洋槐、橡树可以对付光化学烟雾。

　　树木还能吸收土壤中的有害物质，净化土壤。如羊齿类铁角蕨属的植物能吸收土壤中的重金属，有些树木可吸收土壤中的有机氯。但是，土壤净化了，有害的元素和化合物会残留在植物体中，还可能转移到食草动物和人类体内。

11.5　植物为人类提供丰富的环境信息

　　植物在生长过程中能够为我们提供周围土壤和大气的信息。不同植物对土壤的性质有特殊的偏好，可以为我们提供土壤性质的信息。不同地域的土壤中各种元素的含量不同，埋藏着某种矿物的土壤中某种元素含量会比较高，某些植物在这种土壤中生长得特别好，无形中为我们提供了矿物分布的信息。

　　例如，杜鹃花、铁芒箕共生的地方，土壤一定是酸性的；马桑遍野之地，土壤呈微碱性；碱茅、马牙头群居处，是盐化草甸土的标志；如果荨麻、接骨木的叶里含有铵盐，预示它们生长的土壤中含氮量丰富。酸模、常山等绿色植物丛生，预示着地下有铜矿；生长忍冬的地下可能有金矿石；多长三色堇的地下可能有锌矿；蓝液树分泌物里镍含量较高时，说明地下可能有镍矿。美国科学家曾靠一种粉红色的紫云英和一种"疯草"的提示，发现了它们生长的地域下蕴藏着铀矿和硒矿。

　　一些植物在大气中存在低浓度、微量的污染物时，就会出现"受害症状"，这可以提醒我们观测判断周围空气污染的类别、程度和范围。例如，在潮湿的气候条件下，苔藓枯死，雪松呈暗褐色伤斑，棉花叶片发白，各种

植物出现"烟斑病"，提示我们有可能发生了 SO_2 污染；秋海棠、向日葵突然发出花叶，很可能有 Cl_2 污染；空气中臭氧浓度超过百万分之 0.08～0.09 时，会使植物出现褐斑，继而变黄，最后褪成白色，丁香、垂柳出现"白斑病"，说明空气中可能有臭氧污染。

11.6　植物是人类科技发明的启迪者

在地球上，人类出现之前，各种生物已存在亿万年，它们在长期的生存和进化中，获得了适应内外环境变化的能力，"练就"了许多卓有成效的本领。例如，植物体内的生物合成、能量转换、信息的接受和传递，植物对外界的识别和判断的综合能力等。人们在技术上遇到的某些难题，生物界早在千百万年前就曾遇见过，而且在进化过程就已经解决了。随着人类对生物的深入了解和认识，随着科技的发展，科学家研究并模仿生物功能，有了许多创造和发明。其中人们从绿色植物中获得了许多发明创造的启示。单从化学科学的领域看，就有不少例子。

科学家们研究绿色植物的光合作用过程，运用有关机理解决能源的捕获和存储问题，利用太阳能从水和二氧化碳出发制造有机化合物，如前面提到的"人造树叶"。

纳米科技的发展，也有绿色植物的贡献。人们研究发现荷叶不沾水是因为荷叶上长有绒毛（图 11-5）。通过电子显微镜，人们观察到荷叶表面覆盖着无数尺寸约为 10 微米的突包，而每个突包的表面又布满了直径仅为几百纳米的更细的绒毛。这种特殊的纳米结构，使得荷叶表面不沾水滴。当荷叶上有水珠时，风吹动水珠在叶面上滚动，水珠可以粘起叶面上的灰尘，并从上面高速滑落，使得荷叶"出污泥而不染"，能够更好地进行光合作用。

一种名为猪笼草的食肉性植物，它的叶子的摩擦力几乎为零（图 11-6）。它通过鲜艳的颜色和醇香的花蜜来吸引虫子，当虫子停在叶子上时便会瞬间滑入叶末的口袋中，沦为这种食肉植物的"盘中餐"。科学家通过复制这种叶子的分子结构，研发了一种类似的超滑材料，它几乎排斥一切液体。即使是血液和油这种具有超强吸附能力的液体也无可奈何。而且，当材料表面受到损坏时，很快就会进行自我修复，并不影响它的滑润能力。为了测试这种材料能否应用于大自然中，研究者将蚂蚁放置在材料表面，结果和在猪笼草上一样，蚂蚁根本就无法站立于材料的表面。这种材料不仅可以适应任何环境条件的工作，而且生产简单，成本廉价，可以应用于生物医药、燃料运输、光学和去污等众多领域，比如研制自净窗户。

图 11-5　荷叶表面不沾水

图 11-6　猪笼草的笼状叶片

CHAPTER 12

化学反应与营养物质的摄取

人在生长发育和从事各种活动的过程中，都需要摄入各种食物。食物本质上就是各种营养物质的组合。营养物质（营养要素）是指食物中可给人体提供能量构成机体和组织以及具有生理调节功能的化学成分。营养物质包括水、糖类、脂类、蛋白质、无机盐、维生素、纤维素七大类，每种营养物质都有它的独特作用。缺少任何一种营养物质对身体都不利，甚至会引起疾病。以人的平均寿命为 75 年计算，人一生中摄取的食物（包括水）约 75 吨，约为人体体重的 1000 倍。

人体从外界获取食物满足自身生理需要的过程包括摄取、消化、吸收、体内利用和排泄。食物通过人体消化、吸收，进入血液循环，供组织细胞进一步利用，转化、合成为人体的组织材料，并把食物转化过程中释放出的能量储存起来；同时，人体组织中的物质也在不断地分解变化，把储存的能量释放出来。这些过程即人们通常说的代谢。物质代谢产生的小分子活性物质或有毒物质、进入体内的各种异物（如药物、毒物、食品添加剂等）在体内通过生物转化可以改变其结构和性质，然后通过肝脏或肾脏等途径排出体外。代谢过程中，营养物质在人体特定环境和一定条件下发生的多种多样的化学反应，是人体利用营养物质合成人体组织材料、获取能量的关键。

人体消化食物的过程主要是靠一系列消化酶参加的化学反应来完成的。食物经过消化，由大分子物质变成小分子物质，从食物的细胞中释放出来，通过消化道管壁进入血液循环，这一过程称为吸收。吸收的方式取决于营养素的化学性质。食物中的水、矿物质和维生素一般由消化系统（包括口腔、

食管、胃、小肠和大肠等）直接吸收；糖类、脂类、蛋白质等结构复杂的大分子物质，不能直接被人体吸收和利用，必须经过消化道中的物理和化学变化，成为结构简单的易溶于水的小分子物质，才能为人体吸收、利用。

总之，化学反应是人体摄取和利用营养的保证。从化学视角看，人体是一座高效的"化工厂"，把各种营养物质转化为人体组织需要的各种成分，把营养物质中蕴含的化学能转化为人体生命活动需要的能量。

下面以糖类、脂肪、蛋白质等三类营养物质在人体内消化、吸收和利用过程中发生的化学反应为例做简要说明。

12.1　糖类的摄取和利用

食物中含有的糖类通常有单糖（葡萄糖、果糖、半乳糖等，分子式为 $C_6H_{12}O_6$）、二糖（蔗糖、麦芽糖、乳糖等，分子式为 $C_{12}H_{22}O_{11}$）、多糖 [淀粉、纤维素等，分子式为 $(C_6H_{10}O_5)_n$]。

在人体内酶的催化作用下，谷物、蔬果中的多糖（如淀粉）、二糖都可发生水解反应，转化为单糖（如葡萄糖）进入血液，运送到全身细胞，作为能量的来源。

$$\underset{\text{淀粉}}{(C_6H_{10}O_5)_n} + nH_2O \longrightarrow \underset{\text{葡萄糖}}{nC_6H_{12}O_6}$$

淀粉在口腔内受唾液淀粉酶的作用，有一小部分可分解为麦芽糖。随后食物进入胃里，由于胃液具有很强的酸性（含盐酸浓度大约为 0.5%，pH 接近 1），能杀死食物中的细菌，使胃蛋白酶保持充分的活性。在胃里，食物变成食糜，逐渐排入小肠。淀粉及麦芽糖的消化主要在小肠。在小肠内食糜中的淀粉及一部分已被水解而生成的麦芽糖，分别受到胰液淀粉酶、胰麦芽糖酶和肠麦芽糖酶的作用，分解成为葡萄糖，被吸收进入血液，成为血糖。血糖由血液输送到各种组织中，被氧化分解，为人体提供能量。

人体内单糖（如葡萄糖）的氧化通常用下面的化学方程式表示：

$$C_6H_{12}O_6(s) + 6O_2(g) = 6CO_2(g) + 6H_2O(l) \quad \Delta H = -2804.6\,\text{kJ/mol}$$

单糖的氧化过程包含一系列的化学反应，非常复杂。例如，葡萄糖在细胞质中，在酶的参与下，首先发生的是一系列被称为糖酵解的化学反应，转化为丙酮酸。糖酵解过程中发生的一些反应要消耗 ATP，从中获得能量，维持反应的进行；在另一些反应中又会生成 ATP，释放出能量。整个糖酵解过程生成的 ATP 多于消耗的 ATP，为细胞提供了活动的能量。葡萄糖发生酵解反应转化成丙酮酸后，在有氧参加的条件下和特定的酶的作用下，转化为乙酰辅酶 A，进入三羧酸循环和氧化磷酸化的一系列反应过程，最终氧化生成二氧化碳和水，并生成 ATP，为人体活动提供能量。葡萄糖的有氧氧化是机体获得能量的主要途径。

在第 2 章中已经介绍了人体的肝脏、肌肉，能利用血糖合成糖原，转化生成其他糖及其衍生物（如核糖、氨基糖和糖醛酸等）与非糖物质（如脂肪、非必需氨基酸等）。

糖类与其他营养素在体内的代谢也有密切关系。例如，脂肪在体内氧化时靠糖来供给能量，脂肪在体内的正常代谢必须有糖的辅助。糖与蛋白质一起摄入，可增加三磷酸腺苷（ATP）合成，有利于氨基酸活化和蛋白质合成。

体内糖供给不足或身体不能利用糖（如糖尿病人）时，机体所需能量将大部分由脂肪供给。脂肪氧化不完全时，即产生酮体。酮体是一种酸性物质，一旦体内积存过多，即可引起酸中毒。糖类能减少酮体的产生，防止酸中毒。

人体中糖类物质的转化过程可以用图 12-1 表示。

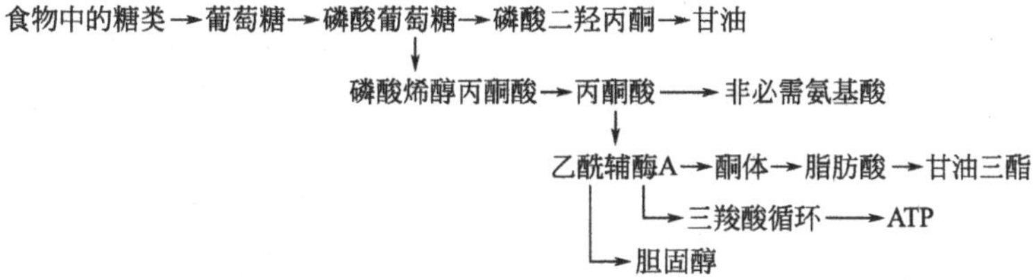

食物中的糖类 → 葡萄糖 → 磷酸葡萄糖 → 磷酸二羟丙酮 → 甘油
　　　　　　　　　磷酸烯醇丙酮酸 → 丙酮酸 ────→ 非必需氨基酸
　　　　　　　　　　　　乙酰辅酶A → 酮体 → 脂肪酸 → 甘油三酯
　　　　　　　　　　　　　　├── 三羧酸循环 ────→ ATP
　　　　　　　　　　　　　　└── 胆固醇

图 12-1　食物中的糖类物质在人体内的转化

膳食纤维（纤维素，一种多糖）是蛋白质、脂肪、糖类、维生素、无机盐和水之外的"第七营养素"，是平衡膳食结构的必需营养素之一。人体缺乏分解消化纤维素的酶，膳食纤维不易被人体消化吸收。但是它具有促进食物发酵的作用，对大肠菌群的生长有重要作用。膳食纤维还具有润肠通便、降血压、降血脂、调控血糖水平、健美减肥及抗癌解毒的作用。蔬菜的嫩茎、叶中膳食纤维含量最高。

12.2　脂类的摄取和营养作用

食物中的脂类物质和人体中脂类物质相似，也包括油脂、磷脂、胆固醇等。

食物中的油脂通常称为膳食脂肪。在第 2 章，我们已经介绍过，脂肪是高级脂肪酸甘油酯。膳食脂肪中的动物脂肪（如牛油、猪油）的主要成分是饱和脂肪酸甘油酯，如常见的硬脂酸甘油酯$[(C_{17}H_{35}COO)_3C_3H_5]$、软脂酸甘油酯$[(C_{15}H_{31}COO)_3C_3H_5]$；植物油的主要成分是不饱和脂肪酸甘油酯，如油酸甘油酯$[(C_{17}H_{33}COO)_3C_3H_5]$、亚油酸甘油酯$[(C_{17}H_{31}COO)_3C_3H_5]$。高级脂肪酸酸性很弱，在水中的溶解度不大，甚至难溶于水。自然界中约有40 种不同的脂肪酸，但能为人体吸收与利用的却只有偶数碳原子的脂肪酸。

12.2.1　人体中油脂的转化和营养作用

在人体中，油脂在酶的存在下水解生成脂肪酸和甘油。如，硬脂酸甘油酯水解生成硬脂酸和甘油：

$$
\begin{array}{l}
C_{17}H_{35}-COO-CH_2 \\
C_{17}H_{35}-COO-CH \quad +3H_2O \longrightarrow \\
C_{17}H_{35}-COO-CH_2
\end{array}
\quad
\begin{array}{l}
CH_2-OH \\
CH-OH \quad +3C_{17}H_{35}COOH \\
CH_2-OH
\end{array}
$$

天然油脂是含有不同脂肪酸的甘油酯，因此水解后得到的脂肪酸有多种。人体必需脂肪酸（如亚油酸和亚麻酸）的最好来源是植物油类。芝麻油、花生油中含有亚油酸较多。油菜花花籽中提取的菜籽油中（图 12-2），含有的脂肪酸有花生酸、油酸、亚油酸、亚麻酸、芥酸。食物供给的一些不饱和脂肪酸是人体内不能合成的，又是机体所必需的。我国的传统食品——豆浆中脂肪含量约为 20%，其中 80% 左右是不饱和脂肪酸甘油酯。喝豆浆有利于补充

图 12-2　油菜花和油菜籽油

不饱和脂肪酸和大豆卵磷脂，还能获得降低体内胆固醇的植物固醇。

食物中的油脂在口腔内不起化学变化，在胃内也基本上不被消化。进入小肠后，脂肪受胆汁中胆盐的作用，乳化成细小的脂肪微粒，大大增加了脂肪与酶的接触面积。脂肪微粒经胰脂肪酶的水解作用，生成脂肪酸和甘油。甘油能溶于水，直接在肠内被吸收利用，在细胞质中形成磷酸甘油酯，参与糖酵化过程。

脂肪酸在肠黏膜细胞内，一部分进入毛细血管，由门静脉进入肝脏；大部分进入淋巴毛细管，最后经大淋巴管进入血液循环。脂肪酸在细胞质中转化为乙酰辅酶 A，进入三羧酸循环，最终氧化生成水、二氧化碳，释放出能量。还有一些脂肪酸与甘油合成为人体脂肪。在这个过程中，溶解在油脂中的脂溶性维生素也随着一起被吸收。

脂肪在人体内的转化，涉及多种化学反应过程，可以简要地由图 12-3 表示。

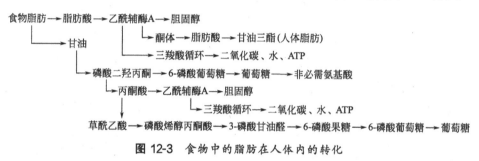

图 12-3 食物中的脂肪在人体内的转化

随着人们生活水平的不断提高，膳食结构中，动物性食品的比例明显增加，脂肪摄入量明显提高。从食品中摄入过量的能量，会形成多余的脂肪，贮存在皮下、腹腔或者肝内，造成肥胖，形成脂肪肝等疾病。科学家从大量流行病学调查和动物实验的资料分析中发现，许多疾病与脂肪摄入量过多有关，如高血压、糖尿病、动脉硬化、结肠癌、乳腺癌等。如在腹腔或者肝内堆积过多的脂肪常常会导致Ⅱ型糖尿病。因此要适当控制膳食中脂肪的摄入量。

除了减少食物中的脂肪摄入量（如剔除肉中的脂肪以及减少用油）外，限制碳水化合物（包括糖类和纤维素）和酒精的摄入量也是十分重要的。虽然体内的碳水化合物和酒精比脂肪优先被氧化，为人的活动提供能量，但是，如果身体储存的碳水化合物太多，没有被消耗，它们就会转化为脂肪储存起来。

适当控制膳食中脂肪的摄入量，不等于不摄入或尽可能少摄入脂肪。不要忘记脂肪也是人体必需的营养物质。拒绝食用脂肪，将大大减少我们活动所需要的能量来源。我们的日常饮食要合理搭配饱和脂肪酸和不饱和脂肪酸的食物来源，保证必需脂肪酸的摄入量，植物油脂、动物脂肪两者均不可缺

少。一般认为，膳食脂肪中的 2/3 应该是植物油脂，1/3 是动物脂肪。

12.2.2　反式脂肪酸甘油酯及其对人体的危害

上世纪初，人们担心动物油脂中的饱和脂肪酸会威胁心脏健康，而植物油遇高温不稳定又无法长时间储存，科学家利用氢化反应，将不饱和脂肪酸含量较多、熔点较低的液态植物油在高温催化剂作用下改变为固态，研制成人造脂肪（也称为人造奶油、氢化油）。

氢化油分子结构不易扭结，有一种特殊的芳香，能增添食品酥脆口感，而且不易被氧化。用它加工的食品保存期远大于用饱和脂肪酸和顺式不饱和脂肪酸加工的食品。人们一度认为人造脂肪来自植物油，不会像动物脂肪那样导致肥胖，而且觉得反式脂肪属于不饱和脂肪，将其视为取代饱和脂肪的健康的取代品。因此，人造脂肪被大量运用于市售包装速食食品、餐厅的煎炸食品中。在咖啡伴侣或奶精、方便面、饼干、酥皮面包、薯片以及含有代可可脂的巧克力糖中含有的油脂大都是人造脂肪。当今，几乎在所有的加工食品中都能找到它的踪迹。

我们知道不饱和脂肪酸中含有碳碳双键。分别与碳碳双键的两个碳原子相连接的两个氢原子，由于空间位置的不同，可形成两种结构：两个氢原子分别位于双键的两侧的，称为反式结构；两个氢原子分别位于双键的同一侧的，是顺式结构（图 12-4）。反式不饱和脂肪酸至少含有一个反式构型的双键，空间构象呈线形，分子更挺更硬，其物理性质与相同碳原子数的饱和脂肪酸相近，多为固态或半固态，熔点较高。而顺式不饱和脂肪酸分子的空间构象呈弯曲状，分子柔韧、有弹性，因此其物理性质与相同碳原子数的饱和脂肪酸相差较远，多为液态，熔点较低。未加工食品所含的天然油脂里的脂肪酸大部分是顺式结构，植物油氢化过程中，脂肪酸分子发生重排，分子结构发生了扭曲变化，油中的顺式不饱和脂肪酸基团变成了反式不饱和脂肪酸基团，熔点提高，成为固态或半固态。由于脂肪酸基团中还保留了一些不饱和碳碳双键，形成的氢化油脂不会因变得太硬而失去使用价值。

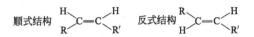

图 12-4　碳碳双键的顺式和反式结构

图 12-5 展示了不饱和的顺式油酸与其氢化后形成的反式油酸在结构上的变化。

化学世界漫步

由于在自然界中几乎不存在含有反式脂肪酸的氢化油，动物（包括人类）在长期进化的过程中，所能代谢的大多为顺式结构的不饱和脂肪，难以识别、代谢反式脂肪酸。因此，人类摄入含有反式脂肪酸的氢化油，难以吸收、利用，大都滞留于人体中，增加了罹患心脏血管疾病的机率。

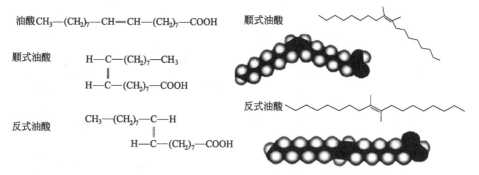

图 12-5　顺式油酸和反式油酸的分子结构

为了避免摄入更多的反式脂肪酸，最好少食用标注有"氢化"字样的油脂和食品，少食用含有较多反式脂肪酸的炸薯条、炸鸡块等油炸食物和快餐类食品、人造奶油等。

12.3　蛋白质在体内的转化

我们已经知道人体内的蛋白质是实现各种生物功能的载体。人体从富含蛋白质的食物（图 12-6）中摄取的蛋白质是怎样被消化、吸收和利用的呢？

图 12-6　富含蛋白质的食物

人从食物中摄取的蛋白质进入体内，在适合的 pH 下，器官中的酶可以促使蛋白质中的肽键断裂，水解生成各种氨基酸，氨基酸继续氧化分解或转

化为其他物质被利用。例如，胃分泌的盐酸可使蛋白变性，可激活胃蛋白酶，使蛋白质转化为蛋白胨。肠分泌的碳酸氢根可以中和胃酸，为胰蛋白酶、糜蛋白酶、弹性蛋白酶等提供合适的作用环境，使蛋白质在肠道内逐步水解，水解生成物进入血液，运输到体内各组织中。一般人食用蛋白质后15分钟就有氨基酸进入血液，30～50分钟达到最大值。

　　一般来说，人体中的氨基酸总量的75%用于合成人体需要的蛋白质，此外，氨基酸还可转化为糖类、脂类，还能合成体内重要的含氮生物活性物质（如神经递质、嘌呤、嘧啶、磷脂、卟啉、辅酶等），也可氧化分解放出能量。蛋白质氧化分解提供的能量约占人体所需总能量的10%～15%。蛋白质在体内分解，生成的含氮废物是尿素，随尿液排出体外。正常人每日从尿中排出的氮元素约为5～12克。若摄入的膳食蛋白质增多，随尿排出的氮也增多。完全不摄入蛋白质或禁食一切食物时，人体每日仍随尿排出氮2～4克。

　　蛋白质在人体内的转化，可用图12-7简略表示。

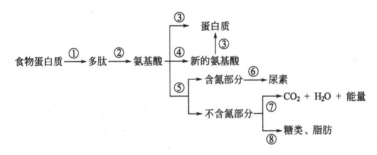

图 12-7　食物中的蛋白质在人体内的转化

　　图中的部分数字所表示的转化过程为：①、②是从食物摄取的蛋白质的水解过程；③是氨基酸合成人体组织中蛋白质的过程；④是生物体利用食物蛋白质降解生成的氨基酸转化为其他种类氨基酸的过程；⑤是在生物体内，氨基酸脱去氨基，转化为含氮（氨）和不含氮（酮酸）的两个部分的过程；⑥是含氮部分最终转化为尿素排出体外的过程；⑦是不含氮部分氧化分解产生能量的过程；⑧是不含氮部分转化为糖类、脂肪的过程。

　　蛋白质在人体内释放能量的过程经过了一系列反应。蛋白质水解生成的氨基酸先分解成氨和酮酸。氨转化为尿素，经尿液排出体外。酮酸在各种酶的作用下，可分别转化为丙酮酸、乙酰辅酶 A，还能形成其他中间产物进入三羧酸循环，通过各种不同反应或转化为糖、脂肪或氧化释放能量。

化学世界漫步

12.4 三类营养物质的消化吸收和利用

食物中的三大类营养物质在人体内的消化在细胞外进行，在各种特定酶的催化作用下，糖类、蛋白质、脂肪发生水解过程，转化为葡萄糖、氨基酸、脂肪酸等小分子化合物，这些小分子化合物先转化为某中间产物，而后进入细胞进一步发生糖酵解或三磷酸循环等一系列氧化分解过程，生成ATP，为细胞提供能量（图12-8）。

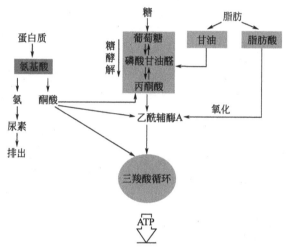

图 12-8 食物中蛋白质、糖、脂肪在人体内的转化

食物中的营养物质消化分解生成的小分子，并没有全部用于产生 ATP，有一部分小分子分解成为合成细胞、人体组织的原料。这些合成过程中细胞、组织的形成需要的能量，通过消耗 ATP 获得。例如，丙酮酸、磷酸甘油酯、葡萄糖、氨基酸、脂肪酸等小分子，可以分别合成人体中的糖、多聚糖、蛋白质、脂类，为细胞、组织的形成提供原料。这一转化过程可简单地用图 12-9 表示。

人体中糖、脂肪、蛋白质及核酸代谢有一个共同途径——进入三羧酸循环，发生一系列反应。

三羧酸循环（图 12-10），是联系三类营养物质在人体中代谢过程的枢纽。三羧酸循环是需氧生物体内普遍存在的代谢途径。它是由一系列在细胞线粒体中进行的酶促反应构成的循环反应系统。由于在这个循环反应系统中

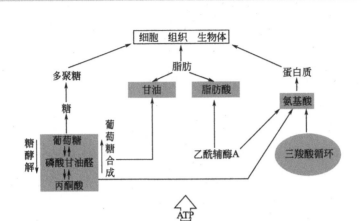

图 12-9　人体细胞、组织的形成

几个主要的中间代谢物都是含有三个羧基的柠檬酸，所以叫做三羧酸循环。

三羧酸循环反应首先是由乙酰辅酶 A 与草酰乙酸缩合生成含有 3 个羧基的柠檬酸，再依次经过 4 次脱氢、2 次脱羧的反应，先后生成 4 个还原糖分子和 2 个 CO_2 分子，并重新生成草酰乙酸。乙酰辅酶 A 是糖类、脂类、氨基酸代谢的共同中间产物，它进入循环反应体系后被分解，最终生成二氧化碳并产生 H 原子，H 原子将传递给辅酶——尼克酰胺腺嘌呤二核苷酸（NAD^+）和黄素腺嘌呤二核苷酸（FAD），使之成为 $NADH^+$、H^+ 和 $FADH_2$。$NADH^+$、H^+ 和 $FADH_2$ 携带 H 进入呼吸链，呼吸链将电子传递给 O_2，产生水，同时偶联氧化磷酸化产生 ATP，提供能量。

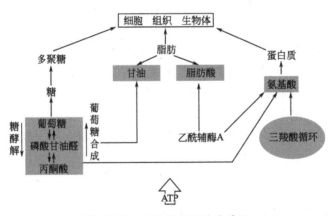

图 12-10　三羧酸循环反应系统

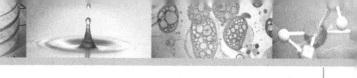

CHAPTER 13

饮用酒与工业酒精

饮用酒中含有乙醇，工业酒精的主要成分也是乙醇（图 13-1）。乙醇的化学式是 CH_3CH_2OH，属于醇类有机化合物。

图 13-1 饮用酒与工业酒精

乙醇俗称酒精。除无水酒精外，一般我们所说的酒精都是浓度不等的乙醇水溶液。饮用酒含有不同浓度的乙醇，还含有少量有益于健康的其他成分，不同的酒所含有的成分不尽相同，因而有不同的风味。

我国的酒文化源远流长，酒作为一种特殊的文化载体，在人际交往中显示出独特的地位。酒文化已经渗透到人类社会生活中的各个领域，在人文生活、文学艺术、医疗卫生、工农业生产、政治经济等领域，都有着巨大的影响。历代文人学士留下了许多品评、鉴赏美酒佳酿的诗文、书画，也流传下许多饮酒佳话。但是，人们论说酒文化，却常常忽略了科学认识饮用酒、正

确饮用酒水以及认识现代社会中乙醇的生产和应用等科学问题。了解饮用酒和工业酒精的最基本的知识，是很有必要的。

13.1 正确认识和使用饮用酒

从主要成分看各种饮用酒都含有乙醇，都是乙醇的水溶液，只是浓度不同。饮用酒的乙醇含量通常是以 20℃ 时酒中含有的乙醇体积比例表示。如 50 度的酒，表示在 100 毫升的酒中，含有乙醇 50 毫升（20℃）。西方国家常用 proof 表示乙醇含量，规定 200proof 的酒含乙醇 100％，100proof 的酒则含乙醇 50％。值得注意的是，啤酒的度数不是表示啤酒中乙醇的含量，只是表示啤酒生产原料（麦芽汁）中的浸出物的浓度。麦芽汁是多种成分的混合物，以麦芽糖为主。啤酒中的乙醇是由麦芽糖转化而来的。12 度的啤酒，表示发酵前麦芽汁浸出物的浓度为 12％（重量比）。低于 12 度的常见的浅色啤酒，乙醇含量为 3.3％～3.8％；浓色啤酒乙醇含量为 4％～5％。

饮用酒和乙醇的水溶液之间不能完全画上等号，因为各种饮用酒还有自己的独特成分和风味。酿造酒黄酒含有多种氨基酸，其中包括 8 种人体必需氨基酸，此外还含有糖、糊精、醇类，营养丰富。妇女及中老年人喝少量热黄酒对身体有益。啤酒中含有 17 种氨基酸，还有糖类、醇类、多种维生素、树脂、苦味质、单宁等，被誉为"液体面包"。人们认为啤酒有活血、开胃、保护心脏、帮助消化、消除疲劳、杀死葡萄球菌、抑制结核杆菌、解热利尿、强心镇静的作用，对患有高血压、心脏病、肠胃病、脚气病、消化不良、神经衰弱的患者有一定的辅助治疗作用。果酒中的葡萄酒含有醇类、糖类、蛋白质、果胶、鞣酸、氨基酸、维生素等。中医学认为，酒中的乙醇（酒精）有促进血液循环、解除疲劳、兴奋精神、增加食欲、促进消化吸收的作用。

然而，不要忘了饮用酒是乙醇的水溶液，乙醇是具有刺激性、低毒性和成瘾性的化学品。乙醇对人的中枢神经系统影响很大，具有普遍的非选择性的镇定、抑制作用，能够减缓大脑神经元的运作。人在乙醇浓度为 4.3 毫克/升的空气中，50 分钟即可发生面部发热、四肢发凉、头痛等反应。长期接触高浓度的乙醇可引起鼻、眼、黏膜刺激症状，以及头痛、头晕、疲乏、易激动、震颤、恶心等。皮肤长期接触乙醇可引起干燥、脱屑、皲裂和皮

化学世界漫步

炎。口服大量乙醇，可发生急性中毒，出现兴奋、催眠、麻醉、窒息等症状，严重时可导致意识丧失、瞳孔扩大、呼吸不规律、休克、心力循环衰竭及呼吸停止。

研究认为，摄入体内的乙醇，2%～10%随呼出气体和尿液被排泄，90%～98%可在胃部、小肠上部迅速地通过胃和小肠的毛细血管进入血液被吸收。喝酒后，乙醇在血液中的浓度（BAC，通常以每升血液中含有的乙醇的毫升数表示）很快增长。人喝酒后几分钟就能在血液中检测到乙醇，快的经30～45分钟，慢的经1～2小时，BAC就可达到最大值，随后随着乙醇在肝内被逐渐代谢，缓慢下降。肝细胞液中的酶可使乙醇催化脱氢而生成乙醛，并进一步氧化生成乙酸，最后氧化生成二氧化碳和水，并释放能量生成ATP。

$$CH_3CH_2OH \xrightarrow{\text{乙醇脱氢酶}} CH_3CHO \xrightarrow{\text{乙醛脱氢酶}} CH_3COOH \xrightarrow{\text{氧化}} CO_2 + H_2O$$

乙醇和它的代谢产物不会在人体内贮存。一般情况下，健康的饮酒者血液中乙醇的浓度代谢速率约为每分钟100～200毫克，每小时可代谢10克左右的乙醇，一日可代谢约240克的乙醇。一个人在一段时间内，快速大量饮酒，因为酒精代谢率不会增加，而血液中的酒精量不断增加，乙醇浓度就会迅速增加。有些人喝酒后，由于人体内有高效的乙醇脱氢酶，能迅速将血液中的酒精转化成乙醛，而乙醛具有让毛细血管扩张的功能，会引起面部甚至身上的皮肤变得潮红。多数人体内缺少乙醛脱氢酶，乙醛在体内分解较慢，存留时间较长。

饮用酒中的乙醇，进入人体的血液循环系统被输送到身体各个部分，进入细胞，就能引起人的生理和行为变化。依血液中乙醇浓度的大小不同，将产生或轻或重的酒醉和中毒现象。据研究，BAC达到0.03～0.12，人会产生愉悦感，健谈，判断力、控制力、注意力下降，失去部分感知运动功能；随着BAC的增高，感知灵敏度、控制力、判断力、运动功能和协调性越来越差，可出现精神混乱、恍惚、昏迷状态；BAC达到0.45以上，将导致呼吸停止而死亡（图13-2）。长期酗酒可引起多发性神经病、慢性胃炎、脂肪肝、肝硬化、心肌损害、器质性精神病等。

酒中除乙醇外，还可能含有甲醇、杂醇油、糠醛、丁醛、戊醛、乙醛、铅等有害物质，许多致癌物质可溶于乙醇。甲醇（CH_3OH）对视力有害，10毫升甲醇就会导致人的眼睛失明，摄入量再多会危及生命。乙醛是酒的辛辣味道的主要构成因素，过量吸入会出现头晕等醉酒现象。有些嗜酒如命

图 13-2　不要过量饮酒！

的人，自己找来工业用乙醇兑水来喝，工业酒精中含有各种对人体有害的杂质（如甲醇、乙醛等），会损害健康，甚至使人付出生命。

过量饮酒、饮酒成瘾，不仅有害健康，还可能酿成种种事故，危及自己或他人的生命。科学饮用各类酒，是非常重要的。饮酒应该轻酌慢饮，不宜太多太急，不可杂饮。因为不同的酒中还可能含有一些互不相同的成分，其中有些成分不宜混杂，否则可能产生新的有害健康的成分，造成胃部难受或头痛。不要空腹饮酒，酒进入人体后，乙醇是靠肝脏分解的，肝脏在分解乙醇的过程需要各种维生素辅助，胃肠中空无食物，乙醇最易被迅速吸收，肝脏来不及分解，容易造成肝脏受损、酒精中毒。因此饮酒应佐以营养价值比较高的菜肴、水果。古人提倡喝温热的酒。酒经加热，乙醇、甲醇、乙醛都会加速挥发。甲醇（沸点 64.7℃）、乙醛（沸点 21℃）沸点比乙醇（沸点 78.3℃）低，加热时有害于健康的甲醇、乙醛易于除去。酒精及其在人体内代谢作用的产物对健康的影响因人而异，和个人的饮酒量关系很大。少年儿童、肝病患者不宜饮酒；孕妇、患消化道溃疡患者、泌尿系统结石患者不宜饮啤酒。

13.2　饮用酒的制造

饮用酒可以用粮食、蔗糖、植物果实等农产品发酵酿造，也可以用工业方法生产的食用乙醇来勾兑。我国的酒绝大多数是以粮食酿造的。酒的生产消费依附于农业，成为农业经济的一部分。粮食生产的丰歉直接影响酒业的兴衰。各朝代统治者往往根据粮食的收成情况，发布酒禁或开禁，以调节酒的生产，确保粮食安全。在西方的古代，葡萄种植业和酿酒业就已十分发达。用粮食、植物果实酿造的饮用酒，不但不含对人体有害的杂质，而且还含有有益于人体健康的其他营养成分。白酒中有一部分是酒精酒，一部分是粮食酒。用纯粹的粮食为原料，使用酒曲经发酵生产的酒称为粮食酒。用食用乙醇勾兑的白酒，被称为酒精酒。只有使用的乙醇纯度大，不含对人体有害的物质，勾兑出来的浓度适当的白酒，才能饮用。

13.2.1　以谷物为原料来酿造白酒或黄酒

利用酒曲中霉菌产生的酶或谷物发芽产生的淀粉酶的作用把谷物原料的有效成分——淀粉糖化，转化成葡萄糖，而后在无氧条件下由酵母的真菌细胞发生糖酵解代谢作用，将糖分转变成酒精并释放出二氧化碳：

$$(C_6H_{10}O_5)_n + nH_2O \longrightarrow nC_6H_{12}O_6$$

$$C_6H_{12}O_6 \longrightarrow 2C_2H_5OH + 2CO_2$$

如果在有氧条件下，葡萄糖也可被完全氧化成二氧化碳和水，提供较多能量：

$$C_6H_{12}O_6 + 6O_2 \longrightarrow 6CO_2 + 6H_2O$$

已经生成的酒精也可被氧化成为醋酸：

$$C_2H_5OH + O_2 \longrightarrow CH_3COOH + H_2O$$

酒曲是一种初制酶制剂，含有活的酒用酵母、霉菌、细菌及他们各自分泌的生物酶（淀粉酶、糖化酶和蛋白酶等）。这些酶具有生物催化作用，可以加速将谷物中的淀粉、蛋白质等转变成糖、氨基酸。酿酒过程的发酵阶段中，酵母菌将葡萄糖、果糖、甘露糖等单糖吸入细胞内，在无氧的条件下，经过内酶的作用，把这些单糖分解为二氧化碳和乙醇。酵母菌富含维生素B、蛋白质和多种酶，用酵母菌体制成酵母片，可以治疗消化不良。

如果你有兴趣，可以参照下述方法，自己试试制造一些糯米酒。

（1）将新鲜的糯米洗净后，用清水泡一宿。然后在蒸锅上铺屉布，先蒸一会，再放入糯米，用大火蒸。

（2）大约蒸 20 分钟后，开盖，将糯米搅散，洒入一小碗清水，再盖上锅盖继续蒸 20 分钟。

（3）把蒸好的糯米腾入干净的锅中，加一些矿泉水，搅拌散热。待温度降到 25～32℃，倒入粉末状的酒曲，搅拌均匀。

（4）将拌匀的糯米稠饭装入干净的容器中，用食品保鲜袋密封容器口，再在 30℃ 左右条件下发酵。发酵初期产生很多气泡。注意发酵前几天开袋透气，防止发酵所产生的气体把保鲜袋崩开。

（5）8、9天后，酒体分层，糯米下沉，发酵基本结束。过滤掉酒糟，就得到糯米酒。

制作过程中要把握好糯米蒸熟的程度，太生不能很好发酵，太熟酒酿会发酸；加入酒曲前一定要将糯米晾凉，太热了会使酒曲失效。温度太低，发酵很慢，发酵过程要保证温度在30℃左右。制作过程一定要保证不混入实用油。发酵时间需要比较准确地控制，时间过长则淀粉被分解完，酒味过大，像饮料；时间不够则米尚未酥烂，口感黏，像糯米饭。发酵过程中最好也不要打开，一来氧气会进入，二来可能引起杂菌污染。

13.2.2　饮用酒的陈化

饮用酒酿造后要经过一段时间的陈化（或称陈酿）。就是将新酿制的酒放置一段时间再饮用，很多酒类都要求有一定的陈酿时间。陈酿能够优化白酒的香气，其原因有多种：一是刚蒸馏出来的白酒，含有较多容易挥发的醛类和硫化氢等带气味的化合物，这些化合物在陈酿过程中大多数能够挥发掉。二是在陈酿过程中少量乙醇氧化成乙酸，乙酸和乙醇生成带有水果香味的乙酸乙酯，乙酸乙酯是清香型白酒的主体香气成分。"百年陈酒十里香"，指的是这类白酒放得时间越长，口感越好。三是乙醇分子在酒中的物理状态在陈酿过程中发生了一些变化，例如与水的缔合程度和排列方式发生某种程度的变化，可以引起不同的味觉感受。游离的乙醇分子能给人强烈的辣味刺激，刚蒸馏出来的白酒中乙醇分子和水分子的结合不稳定，对人的味觉刺激大。白酒陈放达到最佳的陈酿时间，乙醇分子和水分子的缔合程度达到最佳味觉刺激状态，减少了辣味刺激，口感最好。

真正的陈酿酒是指在密封的酒桶中酿造存放的酒，而不是家里用瓶密封的酒。专家建议装瓶后的酒应该在保质期内喝完，不是"越陈越好"。再则，并非所有的酒都要陈酿。黄酒、葡萄酒、果酒等都有保质期，存放时间过长酒的品质下降，甚至会引起变质。如葡萄酒的"生命过程"，包括浅龄期、发展期、成熟期、巅峰期、退化期和垂老期。陈酿的目的是让葡萄酒经历发展期而达到其成熟期和巅峰期，达到最佳的饮用时段。每款葡萄酒的陈酿潜质与葡萄品种、品质，酿制技艺和处理手法有关。不同品种、品质的葡萄酒在不同时段表现出的风味不一样，经历每个阶段的时间点和时长也不同。

很多人觉得红葡萄酒放的时间越久越好喝，将红葡萄酒放在自己家里收藏。其实，红葡萄酒的收藏需要很高的技术条件。红葡萄酒很容易受贮藏环

化学世界漫步

境的影响。研究发现，贮藏时，环境的温度、光照和氧气等都会对葡萄酒的品质产生影响。葡萄酒在贮存期间，要保持贮酒容器的密封，要使贮酒温度保持在较低的水平，一般为 10～15℃。在较低温度下贮藏葡萄酒有利于改善葡萄酒的色泽质量，而高温会导致葡萄酒颜色变化，pH 值较高的葡萄酒贮存在高温条件下很容易褐变，改变其原本的红色。

有研究发现，当贮藏温度过高时，如 37℃贮藏 30 天后，葡萄酒中白藜芦醇的含量减少了 24.5%。当有光照的时候，虽然玻璃酒瓶对日光中的紫外线具有"过滤"作用，但并不能全部将其隔离，长时间照射后，紫外线会引起葡萄酒中白藜芦醇的氧化聚合，白藜芦醇的含量也会减少。还有研究发现，贮藏葡萄酒时，放在恒温的地方会更好，如果环境温度经常变化，葡萄酒中的抗氧化物质的含量及其颜色、香气损失得更快。氧气也会加速葡萄酒中抗氧化物质的损失。现在我们买的瓶装葡萄酒，塞的软木塞一般是无法完全密封的，难免会有氧气进去，都会造成抗氧化物质的损失。贮藏葡萄酒时，最好在酒面上方填充二氧化碳或者氮气，以阻止葡萄酒和空气的接触，从而防止葡萄酒的氧化，然后放阴凉避光处贮存。葡萄酒贮藏不当，很容易变质，大多数葡萄酒都是不能长期收藏的。贮存条件不合适，葡萄酒甚至会酸败。

13.3 快速测试乙醇在血液中浓度 (BAC) 的方法

由于社会上不时发生酗酒引起的伤害事故、酒后驾车酿成的交通事故，为处理饮酒导致的事故，对事故涉案人做 BAC 测试，成为社会管理的一项重要工作。

测定饮酒者血液中的乙醇浓度，不是一件简单的事情。人们往往用测定饮酒者呼出气体中的酒精度，或者测定饮酒者唾液中的酒精浓度的方式来间接地获取饮酒者的 BAC 和醉酒程度（图 13-3）。饮酒者呼出气体中的酒精浓度和其血液中酒精浓度的比例是 2100∶1，即每 2100 毫升呼出气体中含有的酒精，和 1 毫升血液中含有的酒精量是相等的。由于这两者呈现出一定的比例关系，通过测定饮酒者呼出气体的酒精浓度，很快就能计算出受测者血液中的酒精浓度。

这种方法简便、快速，随着科技的发展，酒精浓度测试的方法也得到不

断改进，检测速度、准确性不断提高。有基于乙醇和某种试剂发生化学反应来测定的化学方法，也有基于乙醇红外光谱测定的物理方法，还有基于由乙醇构成的燃料电池的测试方法等。

基于化学反应的化学方法，是使用呼吸分析仪器，应用乙醇能和某些化学试剂发生氧化还原反应，使溶液的颜色、吸光度等性质发生改变，来测定呼气中乙醇的浓度。

图 13-3　测试饮酒者酒精度

最简单的酒精测试装置是在 20 世纪 30～40 年代初出现的，称为"醉度测试仪"。该方法是收集测试者呼出的气体，用一定量一定浓度的酸性高锰酸钾溶液吸收，呼出气体中的乙醇蒸气被酸性溶液中的深紫色高锰酸钾氧化，高锰酸钾被还原，溶液褪色。呼出气体中的乙醇含量越大，酸性高锰酸钾溶液的颜色变得越浅。

$$5CH_3CH_2OH + 4KMnO_4 + 6H_2SO_4 \longrightarrow 5CH_3COOH + 2K_2SO_4 + 4MnSO_4 + 11H_2O$$

还有一种方法是用一定量一定浓度的无色五氧化二碘（I_2O_5）溶液代替酸性高锰酸钾溶液来氧化乙醇，五氧化二碘被还原为单质碘，溶液呈现浅棕黄色。呼出气体中的乙醇含量越多，溶液的颜色越强烈。如果在溶液中加入淀粉溶液，将呈现蓝色，颜色变化更为明显。

$$5CH_3CH_2OH + 2I_2O_5 \longrightarrow 5CH_3COOH + 2I_2 + 5H_2O$$

1954 年，美国印第安纳州警察局研制出了新型的乙醇含量测试仪——"呼吸分析仪"。被测试者对着一个盒式装置中的一个小容器吹气，气体进入一个小瓶子中，瓶内装有橙色的重铬酸钾（$K_2Cr_2O_7$）、硫酸混合物溶液，其中还含少量硝酸银（$AgNO_3$）。呼出气体中的乙醇蒸气，在硝酸银的催化下和混合溶液发生化学反应，乙醇被氧化，重铬酸钾被还原为硫酸铬（重铬酸根离子中的 +6 价铬被还原，形成 +3 价铬离子），溶液从橙色逐渐变成绿色。呼出气体中乙醇含量越大，颜色转变越明显。颜色变化的深浅能精确标示出呼气中酒精的浓度。

$$3CH_3CH_2OH + 2K_2Cr_2O_7 + 8H_2SO_4 \xrightarrow{AgNO_3}$$
$$3CH_3COOH + 2K_2SO_4 + 2Cr_2(SO_4)_3 + 11H_2O$$

如果在该仪器装置中用光度计来测定 $K_2Cr_2O_7$ 溶液的吸光度，通过其改变量可以定量得到被还原的 $K_2Cr_2O_7$ 的量，就可以换算得到乙醇含量。该仪器能够精确测定溶液的吸收光谱，确定铬的转化程度，从而判定呼出气体中的乙醇含量。测定的结果转化为电子信号，以 BAC 数据显示在仪器的表盘上，便于查看。今天，世界上很多国家还在使用这种酒精测试仪。

但上述这种装置常由于使用不规范，容易造成误差。20 世纪 70 年代，又出现了红外分光和燃料电池测定装置。

红外光谱测试仪利用乙醇的吸收红外光谱来检测乙醇含量。它的原理是利用饮酒者饮酒后身体组织的红外线吸收光谱显示出更加明显的吸收波段，来确定酒精的含量。便携式红外光谱酒精测试仪可靠性大。日前，一种可以精确测量血液内酒精含量是否超标的红外线酒精检测仪已经面世。仪器发出稳定的红外辐射光束（为避免灼伤被检测者的皮肤，光束会在皮肤表面不断地移动），由若干个红外传感器接收被测人皮肤反射回来的红外辐射信号。由于人体内酒精含量的多少与红外辐射的吸收情况密切联系，通过观察反射回的红外光谱图形，就可以获得被检测者血液内的酒精含量的信息。

20 世纪 70 年代早期，英国还研制出一种运用电化学方法的乙醇检测装置，被称作"燃气电池型呼气酒精测试仪"。该装置可以把呼气中的乙醇在催化剂作用下氧化成二氧化碳（或乙醛）和水，把反应释放出的能量经能量转换器转换成电流，通过电表读出，电流表读数越高，则乙醇浓度越高。由于其他醇类物质也可能被氧化，导致这一装置检测的准确性和特异性受到影响。

此外，还有利用半导体呼气式酒精测试仪来检测乙醇的方法。这种仪器采用具有气敏特性的氧化锡半导体作为传感器，当与传感器接触的气体中敏感气体的浓度增加，它对外呈现的电阻值就降低。这种装置抗干扰能力差，通常只用在要求不高的场合，如自我检测或一般性定性检测。

13.4　工业酒精的生产和利用

在当今世界，随着工业的发展、科技的进步、能源需求的不断增长，乙醇已经从人们日常生活中的酒文化领域走出来，成为重要的化工原料和燃

13
饮用酒与工业酒精

料。例如，用乙醇代替汽油或加入汽油作为发动机燃料；用乙醇作为燃料电池的燃料；用乙醇来制造醋酸、饮料、香精、染料等。

工业上制造乙醇的工艺有粮食发酵法、木材水解法、乙烯间接水合法、乙烯直接水合法、乙醛加氢法、一氧化碳（二氧化碳）和氢气的羰基合成法等。乙醇需求的增长，促进了乙醇工业生产工艺的进步。目前乙醇的工业生产方法主要有三种。

（1）发酵法。这是传统的乙醇生产方法，也是我国现阶段乙醇的主要生产方法。

为解决能源紧缺的问题以及化石燃料使用造成的环境问题，不少国家都在研究、推崇使用玉米、甘蔗、麦秆等粮食作物为原料，用发酵法生产生物燃料（图13-4），并推广使用乙醇或甲醇汽油。如，美国用玉米为原料，巴西用甘蔗、麦秆为原料生产乙醇。

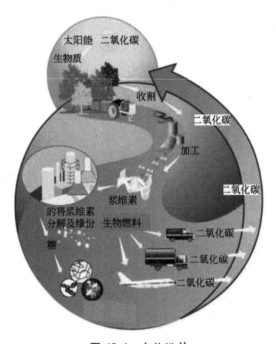

图 13-4 生物燃料

发酵法以玉米、小麦、薯类、糖蜜等为原料，经发酵、蒸馏而制成乙醇。例如，以玉米为原料，采用改良湿法生产燃料乙醇。生产过程包括玉米预处理（粉碎）、脱胚制浆、液化、糖化、发酵、蒸馏等。发酵法制乙醇的生产工艺有干法和湿法，不同的原料、工艺会产生不同的副产品。

用粮食发酵法生产得到的乙醇被称为生物乙醇，生物乙醇在将来很可能会成为一种十分重要的燃料。这是因为生物乙醇的生产是利用可再生原料，而不是化石燃料，有利于保护环境，且不必再加工即可直接应用于任何一种奥托式发动机。但是，目前生物乙醇的制造还存在"与人争粮"的问题。干旱和土壤贫化增加了人类和动物的生存风险，粮食和生物燃料的需求同时加剧了粮食和燃料的双重短缺。广泛采用玉米等粮食作物制造生物乙醇的方式也引发了粮食安全和道德伦理方面的普遍担忧。以食物原料来生产能源还可能推升肉类和牛奶的价格。如何依据世界粮食生产实际，严格设立粮食生产能源的许可制度以降低上述风险，还需要深入的研究。

（2）乙烯水合法。即乙烯经过水合生产乙醇，一种是乙烯催化直接水合法，另一种是以硫酸为吸收剂的间接水合法。

直接水合法是在一定条件下，乙烯通过直接与水反应生成乙醇：

$$CH_2{=}CH_2 + H_2O \longrightarrow CH_3CH_2OH$$

反应要采用负载于硅藻土上的磷酸催化剂，温度控制在 $260\sim290℃$，压力约 7 兆帕，水和乙烯的摩尔比为 0.6 左右。

间接水合法反应分两步进行。乙烯在一定温度、压力条件下，通入浓硫酸中生成硫酸酯，再将硫酸酯在水解塔中加热水解而得乙醇，同时有副产物乙醚生成。间接水合法可用低纯度的乙烯作原料，反应条件较缓和，乙烯转化率高，但对设备腐蚀严重，生产流程长。

为了提高乙烯的单程转化率，国际上一直在研究新型催化剂，如钨酸、杂多酸等催化体系。无论用发酵法或乙烯水合法制得的通常都是乙醇和水的共沸物，要得到无水乙醇需进一步脱水。这些乙醇产品也可用于进一步加工成燃料乙醇。

（3）用合成气直接合成乙醇。用合成气与化学催化剂接触，在一定温度和压力条件下直接合成低碳混合醇，产物中包括甲醇、乙醇、丙醇等五碳以下的醇类，甲醇和乙醇是主要成分。这种方法要合成纯乙醇，不产生其他醇类较为困难。根据所用催化剂的不同，得到的产物中各种醇的比例差别很大。这种合成方法的研究重点是催化剂的制备和合成工艺的选择。催化剂的制备是核心，能否制备出高活性、高选择性、高稳定性的催化剂直接决定该方法实现工业化的可能性。

在合成工艺方面，已有多种工艺方法应运而生。例如，用一氧化碳与甲醇先合成醋酸，得到的醋酸在催化剂作用下与不同低碳醇发生酯化反应生成

对应醋酸酯，使醋酸酯加氢还原，生成乙醇和各种低碳醇。又如，在一定条件下（如 300℃、70 兆帕）用二氧化碳和氢气合成乙醇，据报道该工艺已基本实现。该合成方法的主要反应是：

$$2CO_2 + 6H_2 \longrightarrow CH_3CH_2OH + 3H_2O$$

14 人体体质和食物有酸碱性吗

　　现代生活中，科学、健康的饮食成为人们日益关注的问题。越来越多的人在讨论食物的酸碱性，讨论如何依据自己的体质特点，选择不同酸碱性的食物。在各种讨论意见中，有较为科学的见解，也有缺乏证据的论断，还有一些以讹传讹的说法。我们要注意科学地分析各种观点，不轻易为各种不科学的说法所迷惑。

　　本世纪初至今在网络上流传着一种说法：某个外国医学家、诺贝尔奖获得者认为，"酸性体质是百病之源"，某医学博士用实验证明100％的癌症患者是酸性体质；某诺贝尔奖获得者、化学家认为缺氧的环境使正常细胞癌变，而体液酸化是导致缺氧的主要原因。这些传言极力宣扬许多常见疾病如高血压、糖尿病、肿瘤，甚至抑郁症等是由"酸性体质"引起的，提倡人们食用"碱性食物"，改变酸性体质。

　　持这种说法的人认为"只有10％的人体液的pH值处于7.35～7.45之间，更多人体液的pH值在7.35以下，身体处于健康和疾病之间的亚健康状态，医学上称这些人为'酸性体质者'"；"人体的pH值处于7～7.35之间时，属于弱酸体质，容易受到病痛的干扰"；"pH值处于6.9～7，人极易患上癌症等重大疾病"；"要喝弱碱性水，才能调节酸性体质，保持健康……"有的传言还罗列了许多导致酸性体质的原因，诸如，"常吃酸性食物、经常熬夜、吃宵夜、不吃早餐、运动不足、心理负担过重"等等。

　　据调查，传言中的"某个外国医学家、诺贝尔奖获得者"并无此人。正常人体内的体液包括细胞内液和细胞外液（血液和组织间液），而不是呼吸道、消化道环境中的液体。消化道的唾液pH在6.6～7.1之间，胃酸pH在2左右，肠液的pH在8～9之间，尿液呈弱酸性。人呼吸产生的二氧化碳，溶于水呈酸性，人运动形成的乳酸，也是酸性的。正常人的血液的pH

维持在 7.35～7.45 之间，呈弱碱性。如果偏离这个值，身体细胞内的化学反应速率会发生显著变化。如果人血液的 pH 在 7.35 以下，已经发生酸中毒病症了，例如糖尿病人的酮症酸中毒。临床上从来不会出现血液 pH 低于 7 的人。因此依据体液的 pH 把体质分成酸性和碱性是荒谬的。

从化学科学看，食物经消化吸收，各种营养成分形成的溶液确有酸、碱、中性之分，人体的体液也会呈现一定的酸碱性。但是，人体体质有酸碱性吗？食物的酸碱性会导致人体体质酸碱性改变的说法科学吗？

14.1　酸性和碱性

按照广义的定义，能提供质子（氢离子）的物质称为酸，酸具有酸性；而按照狭义的定义，酸则是指在水中能电离出氢离子并且不产生其他阳离子的物质。电离时所有阴离子都是氢氧根离子（OH^-）的化合物则叫碱，碱具有碱性。纯水中氢离子（H^+）浓度等于氢氧根离子（OH^-）的浓度，而且两者的浓度极小（常温下为 10^{-7} 摩尔/升，相当于 100 亿个水分子中只有 18 个氢离子）。如果某种物质的水溶液中氢离子浓度大于氢氧根离子的浓度，则这种物质是酸性物质，反之，如果某种物质的水溶液中氢离子浓度小于氢氧根离子的浓度，可以断定它是碱性物质。为了简便起见，人们用 pH 表示溶液酸碱性的强弱程度。常温下，pH=7 表示溶液不呈酸性也不呈碱性，是中性的；pH<7，溶液呈酸性，pH 越小，酸性越强；pH>7，溶液呈碱性，pH 越大，碱性越强。例如，肥皂水、石灰水、氨水、纯碱溶液呈碱性，pH>7；醋、酸果汁、酸奶这些有酸味的食品以及二氧化碳水溶液，表现出酸性，pH<7；食盐水、糖水等溶液不具有酸性或碱性，呈中性，pH=7。

纯水中有数量极少的等量的氢离子、氢氧根离子，在常温下，纯水的 pH 值为 7。由于饮用水中大都溶解有少量矿物质，使饮用水的 pH 稍稍偏离 7。2007 年由国家标准委和卫生部联合发布的《生活饮用水卫生标准》（GB 5749—2006）中规定饮用水的 pH 要保持在 6.5～8.5，pH 值在这个范围内的饮用水都不会对人体健康有影响。

14.2　人体血液的pH

人体内的各种体液必须具有适宜的酸碱度，以维持人正常的生理活动。人体各个器官分泌的液体有一定的酸碱度，细胞内外液也有一定的酸碱度（图 14-1）。人体的组织细胞在代谢过程中不断产生酸性和碱性物质；人们在饮食中还会随食物摄入一定数量的酸性和碱性物质。机体通过一系列的调节

作用，维持体液的酸碱平衡。

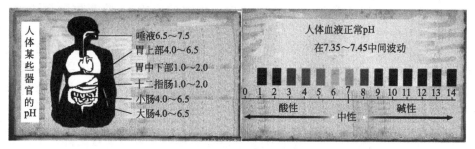

图 14-1　人体某些器官和血液的 pH

　　人体体内血液的 pH 能保持在 $7.35 \sim 7.45$ 之间，是因为人体有三大调节系统（缓冲系统、肺调节系统、肾脏调节系统）和神经体液调节机制，可以自动调节体内环境的酸碱度，维持血液的 pH 处于正常范围。血浆的缓冲系统中存在的物质，如碳酸氢根离子-碳酸缓冲对（$HCO_3^- $-$H_2CO_3$），在体液酸碱度偏离正常值时，可以提供或中和体液的中的氢离子，以维持正常的酸碱度：在血浆中酸性物质增多时，则 HCO_3^- 会和 H^+ 结合，生成 H_2CO_3，减少游离的 H^+，降低酸度；反之，血浆中碱性物质增多时，则 HCO_3^--H_2CO_3 缓冲对中 H_2CO_3 电离出 H^+，中和 OH^-。肺调节系统可以调节呼吸的速率，以加速或减缓体内酸性二氧化碳气体的呼出。肾脏调节系统能吸收碱性的碳酸氢盐，排出或分泌酸性产物。例如体内酸性物质（如乳酸、酮体）增加，会使体内二氧化碳量增多，二氧化碳分压增加，进而刺激呼吸中枢，经由肺部排出更多的二氧化碳，使血液中的酸性相对保持稳定。体内碱性物质增多时，肾脏调节系统可以使经由肾脏尿液排出的 HCO_3^- 增多，从而降低体液的碱性。

　　人体的确会发生酸中毒和碱中毒的现象。酸中毒的病人，血液 pH 稍低于 7.35。呼吸性酸中毒易发生在气管和肺有病变的患者身上，比如呼吸衰竭的病人，氧气吸不进，二氧化碳排不出，形成碳酸，长期积聚在体内就导致酸中毒。肾脏不好，尤其是肾衰竭、尿毒症的病人，体内代谢产生的酸性物质过多，超出了人体的调节能力，就会产生代谢性酸中毒。碱中毒的病人，血液 pH 值稍高于 7.45。患呼吸性碱中毒的一般是有癔病的患者，过度呼吸，二氧化碳排得过多，导致体内酸少碱多。无论是酸中毒还是碱中毒，实际上说明身体器官出了严重的问题，甚至会有生命危险，必须立刻接受正规的医疗照护。

14.3　食物的酸碱性

　　人们把食物分为中性、胃酸、碱性食物。这里说的食物的酸碱性，不是指食物的味道，也不是指食物溶于水得到的水溶液的酸性，而是根据食物

进入人体后在体内代谢产物的酸碱性来划分的。科学家将食物加热，烧成灰烬（这些灰烬类似于食物在人体内消化、代谢的产物），将灰烬溶解于水，测定所得溶液的 pH，依此来判定食物的酸碱性。

一般来说，各种动物性食物（包括猪牛羊鸡鸭肉、禽蛋类、鱼类、奶油）以及面粉、大米、花生等经人体代谢后，产物中磷、氯、硫等非金属元素含量较多，其水溶液呈酸性，人们称之为酸性食物。肉、鱼、米虽然都没有酸味，它们含有大量的蛋白质和脂肪，代谢产生的氨基酸和脂肪酸较多，因此都属于酸性食物。各类蔬菜、水果、牛奶、大豆、海带、洋葱、菌类等代谢后的产物，含钾、钙、镁、钠等金属元素较多，水溶液呈碱性，人们称之为碱性食物。柠檬、柑橘、杨桃、山楂等水果味道虽酸，但是代谢后产物中含有的钾、钠、钙、镁等阳离子很多，所以它们都是碱性食物。

但是，摄入食物的酸碱性并不会改变体内环境的酸碱度，因为人体中有自动调节酸碱度的系统。实际上酸性食物进入人体后，消化系统可以迅速中和酸性，参与酸碱平衡调节的小肠会根据食物的成分来调节胰液对碱的再吸收，从而调节进入血液中碱的浓度，小肠还可以通过调节食物中的碱性离子（比如镁、钙、钾）的吸收，来维持酸碱平衡。因此，即使长期食用某种酸性或碱性物质也不会导致体液酸碱度的改变，更谈不上所谓的酸性体质或碱性体质的形成。

而且，人体本身就有不少产生酸性物质的生理过程，如胃分泌的消化液——胃酸，呼吸作用产生的二氧化碳形成的碳酸，剧烈运动时肌肉中产生的乳酸。如果一有酸性物质进入体内就会引起酸性体质，产生种种病变，那么，人该怎么活下去？正常生物体的体液酸碱度总是稳定在一定范围之内，人体的体质不会因为不停地产生酸，就变成酸性的。

图 14-2　合理搭配酸碱性食物

当然，多吃碱性食物对人体有好处。如蔬菜的主要成分是碳水化合物、膳食纤维、水。其代谢产物富含钾、钠等离子，以碱性离子的形式直接进入到血液中。膳食纤维在肠道内不会溶解，有反向吸水的作用，可以冲刷肠道壁，清洁肠道，使有害物质随粪便一起排出体外，有利于健康。但是，我们不能因此不吃酸性食物。把"常吃酸性食物"和许多影响健康的不良生活习惯并列，当成产生酸性体质的原因，甚至是引发癌症的原因，其实是缺乏科学依据的。

人们在饮食中只要注意调节饮食结构，合理搭配酸碱性食物（图 14-2），做到营养平衡，就能保持身体的健康。牵强附会地判断自己是酸性或碱性体质，刻意地从食物酸碱性出发挑选食物，造成偏食，营养不均衡，反而有害于健康。

CHAPTER 15

食品添加剂问题的症结所在

自然界中蕴含着丰富的物质资源和能源，化学世界中客观存在的多姿多彩的化学变化，为化学家搭建了无限的创造舞台，使化学家设计、制造出数以千万计的化学品，为发展社会物质文明、提高人们的生活质量以及保障社会可持续发展做贡献。一般来说，任何物质对于人类社会和自然界，都可能存在利和弊。随着各种化学品的相继问世和广泛使用，关于如何看待化学品，如何科学、合理地使用化学品的问题也日益增多，给科学家和普通人都造成了困扰，但这却是我们必须面对的问题。

15.1　食品添加剂怎么会成为问题

食品添加剂是在食品加工或烹调时加入的一些天然物质或人工合成的化合物。使用食品添加剂一是为了改善食品品质和色、香、味，二是因为防腐、保鲜和加工工艺的需要。例如，制作卤水豆腐，要加入使蛋白质凝聚的卤水，果味木糖醇口香糖中添加了具有甜味和果香味的木糖醇和食品香精，人们平时使用的油、盐、酱中也含有抗氧化剂、防腐剂等食品添加剂。

在古代人们就开始使用食品添加剂了。在东汉时期我国就有使用盐卤点豆腐的记载。南宋时期，人们开始将亚硝酸盐用于腊肉生产，也有了"一矾二碱三盐"的油条配方。唐代人在夏季常吃的一种呈碧绿色的凉面面条，使

用了水煮槐叶并捣汁制成的染色剂。火腿肠中使用的食品添加剂"红曲红"也是古代就开始使用的色素。公元前1500年，埃及已经用食用色素为糖果着色，公元前4世纪，人们已经开始为葡萄酒进行人工着色。

现代食品工业中，食品添加剂被广泛使用，品种繁多（图15-1）。把食品作为商品，扩大其销售范围，在机械化生产及产品保存、运输、批发零售各环节中都使用食品添加剂，才能满足食品加工、生产的安全、便捷，满足消费者对食品外观、口感、保存的要求。例如，为了满足糖尿病患者的需求，用甜味剂代替食糖用于"无糖食品"的加工；在奶粉中为强化营养加入DHA（二十二碳六烯酸，俗称脑黄金），DHA是一种对人体非常重要的不饱和脂肪酸，是神经系统细胞生长及维持的一种主要元素，是大脑和视网膜的重要构成成分，对婴儿智力和视力发育至关重要。往食物中添加维生素及各种微量元素，能大大减少困扰人类许久的营养缺乏症问题。方便食品、膨化食品、焙烤食品、速冻食品、罐头食品的生产中更需要食用食品添加剂。从某个角度说，没有食品添加剂就没有现在的食品工业。

图15-1 品种繁多的食品添加剂

随着食品加工工业的发展和科技的进步，食品添加剂得到快速的发展。20世纪70年代，我国可食用的食品添加剂，只有碱面、小苏打、味精等约65种；1990年达到20类，178种；2008年实施的《食品添加剂使用卫生标准》中规定的安全可靠、可以合法使用的食品添加剂已有22大类，近2000种。

有人说，现代人每天要吃进数十种食品添加剂。这也许是事实，只要这些食品添加剂是合法使用的，并不会因此而增加食品安全风险。可以合法使用的食品添加剂，都要经过规定标准的食品安全检验，保证其不存在毒性，不会引发急慢性疾病、致癌，不会造成遗传问题。同时还要评估出每种添加剂的每日容许摄入量（ADI值）、长期（终生）食用都不影响人体健康的最大用量。

　　许多涉及食品添加剂的食品安全问题，实际上是违法使用非食用物质或乱用、滥用食品添加剂造成的。牛奶中含三聚氰胺、苏丹红咸蛋、用罂粟壳煮火锅、瘦肉精猪肉等问题的发生，都是不法商家为牟取暴利违法在食品加工、生产中使用非食用物质的问题。食品添加剂涉及的安全问题，还包括跨类使用、错用、超量使用食品添加剂。如柠檬黄是允许在膨化食品中使用的食品添加剂，不允许添加到馒头中。因此在普通面粉馒头中使用山梨酸钾、甜蜜素、柠檬黄等染色剂和防腐剂使其变成"玉米馒头"，是违法的。亚硝酸盐作为食品添加剂可以在腊味肉类加工中使用，但不允许添加在新鲜肉制品内，也不允许超标使用。

　　普遍存在于民间的食品添加剂问题，部分原因是公众对于食品添加剂的认识和使用存在误区，过分追求食品的色香味而无视或忽视食品安全问题。例如，一些人认为用"一滴香"、"肉香王"可以烧出有鸡肉味、鸭肉味、牛肉味、羊肉味的高汤；一些人贪图"价廉"、"美味"，食用价格便宜、味道浓郁的牛肉丸、香肠，实际上这些食品有可能是加了大量添加剂的假货或劣质品。市场的需求，激发了违法商家生产和销售劣质食品的欲望，增加了食品安全问题管理的难度。

15.2　正确认识食品添加剂对人类健康的影响

　　有人认为食品添加剂是化学品，一定有害于健康。这是很片面的看法。

　　有些食品添加剂是从动植物中提取的天然物质，有些是使用化学方法合成的化学品。无论是化学品还是天然物质，都是化学物质。世界上的所有物质，除了场（如电场、磁场等）之外通常都含有不同的化学成分，都是由元素构成的。我们生活中最普通的水就是由氢、氧元素构成的化学物质。一些食品标签上会标"本品不含化学物质"，有的是故弄玄虚，借一般人害怕的"化学"字眼，来标榜自己的产品；有的是出于无知，混淆了"化学品"和"化学物质"的概念。用化学方法制造、合成的物质一般称为化学品。有的化学品是用化学方法分离、纯化天然物质得到的，有的是在天然物质中添加了一些其他成分配制成的；有些化学品是用其他原料，通过化学方法制造、

合成的。食品添加剂也不例外。

例如，人们熟悉而且被普遍使用的食品添加剂味精，最初是用水解蛋白质纯化得到的；现在大多是以粮食为原料，经谷氨酸细菌发酵生产出来的。味精是一种氨基酸——谷氨酸的钠盐结晶，它的分子结构如图 15-2 所示。它是化学物质，但是也可以说是天然物质，因为蘑菇、海带、西红柿、坚果、豆类、肉类以及大多数奶制品中都有谷氨酸，它以络合状态存在于富含蛋白质的食物中。鱼肉在烹调过程中，其中一些蛋白质被破坏，水解生成氨基酸溶解于汤汁中，刺激舌蕾上的鲜味受体使我们可以品尝到鱼汤的鲜美。通过一定的加工，使被集合在蛋白质中的谷氨酸游离出来，成为谷氨酸钠盐，就能产生"鲜"味。用粮食为原料，经谷氨酸细菌发酵也能生产谷氨酸钠盐。因此，也可以认为味精是化学品。

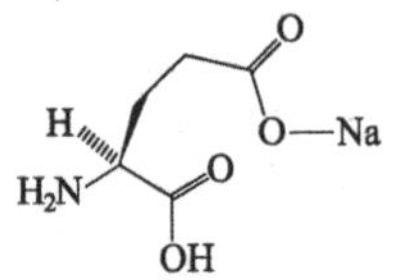

图 15-2　味精（谷氨酸钠）结构式

又如，近几年来市面上推出的鸡精，包装上形象地画着一只肥鸡，或者写着"用上等肥鸡制成""真正上等鸡肉制成""香味更浓郁"。让一些顾客误以为鸡精是用鸡肉制成的。实际上鸡精并不是或不全是用鸡肉为原料做成的。鸡精的成分复杂，是多种呈味物质配合而成的混合物，它既有味精的鲜味，又有其他呈味物质的鲜味。鸡精的主要成分通常是食盐、麦芽糊精和味精，其中味精的量比较多。高品质的鸡精会含有部分鸡肉粉、鸡骨粉、鸡蛋、其他肉类的提取物，但味精一般都占到总成分的 40% 左右，盐占到 10% 以上，此外还含有不少糊精和淀粉。鸡精中还加入了一些抗结剂，用于黏结和造粒，让颗粒松散，不易吸潮结块，便于使用。因此，它仍然是一种食品添加剂。

化学物质对人而言，通常都有两面性。不能说化学物质，就一定会危害健康；也不能认为允许出售、使用的食品添加剂，都不会有安全问题。正因为如此，国家对食品添加剂的生产、使用有严格的规定，以确保食品安全。

例如，亚硝酸盐［大多使用亚硝酸钠（$NaNO_2$）］是使用最为广泛的食品防腐剂。在肉类加工中适量添加的亚硝酸盐能与肉中的血红素结合形成粉红色的亚硝基血红素，起发色作用，使肉制品煮熟后有好看的粉红色。它还能有效抑制肉毒杆菌（一种毒性极强的细菌）的生长。应用亚硝酸钠或含有亚硝酸钠的嫩肉粉、肉类保水剂、香肠改良剂来制作肉制品，可以让肉制品色泽粉红，口感变嫩，不易腐败（图 15-3）。亚硝酸盐作为食品防腐剂已经被使用了很长的时间。但是，它是食品添加剂中毒性最大的一种。由于还没有找到更好的可以替代它的防腐剂，有关部门规定在食品加工过程中要严格按食用的正确方法和用量标准使用亚硝酸盐。

图 15-3　红肉火腿香肠制作要使用亚硝酸钠

滥用或超量使用亚硝酸盐，会引起中毒事故。亚硝酸盐在人体内能将血红蛋白的二价铁氧化为三价铁，使血红蛋白成为高铁血红蛋白，失去携带氧的能力，造成机体缺氧，长期低量摄入亚硝酸盐会产生慢性危害。成人摄入0.2～0.5克亚硝酸盐即可引起中毒，3克可导致死亡。亚硝酸盐还能与蛋白质分解产物在酸性条件下发生反应，易产生亚硝胺类物质。亚硝胺类化合物有强烈的致胃癌作用，因此在相关应用中有严格的用量规定以及严格的监测制度，保证亚硝酸盐在成品中的残留量低于许可限量。

亚硝酸钠经常出现于建筑工地，作为工业用盐。由于它的外观和食盐相似，也有咸味，在工地上不时发生将其误用做食盐，使用餐者中毒的事件。若用亚硝酸钠代替食盐腌制腊肉，食用者也会中毒。亚硝酸钠在化学性质上和食盐氯化钠有很大差异，用多种简单的化学实验可以区别它们。

例如，①亚硝酸钠与盐酸反应，生成不稳定的亚硝酸。亚硝酸分解，产生红棕色的二氧化氮气体。

$$2NaNO_2 + 2HCl = NO\uparrow + NO_2\uparrow + 2NaCl + H_2O$$

只要取少量的样品，加入盐酸，产生红棕色气体的就是亚硝酸钠。

② 亚硝酸钠溶液能氧化 KI，生成单质碘，碘和淀粉溶液作用显蓝色。

$$2NaNO_2 + 2KI + 4HCl = 2NO\uparrow + I_2 + 2NaCl + 2KCl + 2H_2O$$

取少量的样品溶解于蒸馏水，加入淀粉碘化钾溶液，溶液显蓝色的就是亚硝酸钠。

亚硝酸盐对人体健康的危害，不单是指其用于食品添加剂。一些蔬菜含有较多硝酸盐，若存放于温度较高的地方，在硝酸盐还原酶作用下，硝酸盐可被还原成亚硝酸盐。有的井水含硝酸盐较多，在不卫生的条件下存放，或用这种水烹调，也极易引起亚硝酸盐中毒。人胃中的酸碱度适宜亚硝酸盐的

形成，在胃酸不足的情况下，胃中细菌繁殖，使食物中原本无毒的硝酸盐还原成亚硝酸盐。有的人（尤其是儿童）由于胃肠功能紊乱，胃肠道内还原菌大量繁殖，食入富含硝酸盐的蔬菜，在体内可能被还原成亚硝酸盐，也会引起亚硝酸盐中毒。

15.3 食品添加剂的安全使用

　　食品添加剂不是食品，对个人饮食而言，并非都是绝对需要的。无论是用天然物质提取的还是用化学方法制造、合成的食品添加剂，不能代替食品，也不能多用、乱用。

　　各个国家都有食品添加剂的制造、使用标准，把风险控制在可接受范围之内，以保证食品安全。由于食品添加剂对人体健康的影响复杂，在使用上有利有弊，因此权衡、取舍十分重要。亚硝酸钠、甜味剂等的使用就是典型的例子。

　　为了提高某些食品和饮料的甜度以改善口感、提高风味，要加入一定量的能赋予饮料、食品甜味的食品添加剂——甜味剂。害怕肥胖的人士为减少热量的摄入，糖尿病患者为减少糖类的摄入均会经常食用添加非营养型甜味剂以代替蔗糖的食品或饮料。这些甜味剂有蔗糖素、阿斯巴甜、木糖醇，它们都不属于糖类。蔗糖素（三氯蔗糖）是以蔗糖为原料，经过分子结构改造合成的，它的甜度为蔗糖的 600 倍，甜味纯正，被人们认为是低热量的添加剂。但是，研究表明，蔗糖素含热量很少，但并非会使人吃了不胖，它还可能阻碍人体对一些药物的吸收。阿斯巴甜分子中含苯丙胺酸结构的基团（图15-4），比蔗糖甜 200 倍，世界上有 6000 多种食品和饮料使用它。但是它的使用一直存在争议。研究发现，微量

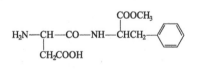

图 15-4　阿斯巴甜的分子结构式

阿斯巴甜对人体无副作用，但它与碳酸饮料混合，可能产生微量的对人体有副作用的物质。动物实验证明阿斯巴甜可导致老鼠患癌。美国已严格限制阿斯巴甜的每日允许摄取量（每千克体重 50 毫克）。我国也规定，添加了阿斯巴甜的食品，必须以中文显著标示"本品使用人工甘味料：阿斯巴甜"字样，并应标示"内含苯丙胺酸"、"苯丙酮尿症患者不宜使用"等字样。

化学世界漫步

木糖醇（图 15-5）是一种天然、健康的甜味剂。木糖醇广泛存在于白桦树、橡树、玉米芯、甘蔗渣等植物中，它的甜度可达到蔗糖的 1.2 倍，热量只有蔗糖的 60%。商品木糖醇是将玉米芯、甘蔗渣等农业作物进行深加工而制得的。木糖醇的分子式为 $C_5H_{12}O_5$，是一种五碳糖醇。它的分子结构如图 15-5（右图）所示。从分子结构看，它不是糖类，是多元醇。

木糖醇易溶于水，溶解时会吸收一定热量。木糖醇入口后往往伴有微微的清凉感，在口腔中不易被细菌发酵利用形成腐蚀牙齿的酸性物质，所以很多食品（如木糖醇口香糖）都用它取代蔗糖做甜味剂。嚼木糖醇口香糖可以增加唾液分泌，有利于清洁口腔和牙齿，减少牙菌斑的形成。木糖醇在人体内的代谢不受胰岛素调节，

图 15-5　木糖醇及其分子结构

在人体内代谢完全的热值为 16.72 千焦/克，可作为糖尿病人的热能源。木糖醇不会被胃里的酶分解，而是直接进入肠道，因此吃多了对胃肠有一定刺激，且容易在肠壁积累，易造成腹泻。糖尿病患者吃太多木糖醇，可能会导致血糖、甘油三酯升高，引起冠状动脉粥样硬化。长期过量食用木糖醇有副作用，比如引起腹泻、肥胖等。患有由胰岛素诱发低血糖的人要禁用木糖醇。

随着食品毒理学的发展，一些曾被认为无害的食品添加剂，可能被发现存在慢性毒性，危害人体健康。如，原先使用的奶油黄色素、甘素甜味剂在发现有危害人体健康的问题后已被禁止使用。又如，在面粉制造过程中加入面粉增白剂可以增加白度，我国使用的面粉增白剂是含 27% 过氧化苯甲酰的白色粉末。过氧化苯甲酰具有毒性，长期过量食用会对人体的肝、脾等部位造成严重伤害，甚至死亡。在增白面粉的同时，小麦粉中的维生素 E 还会遭到破坏。有些国家和地区已禁止使用过氧化苯甲酰。

相对而言，人工合成的食品添加剂，安全性会小于传统的、采用天然物质制成的食品添加剂。因为，天然物质制成的食品添加剂，使用的各种化学品相对少，混入的可能有害于人体健康的物质少，各种杂质也少，使用的历史较长，安全性较高。因此我们要倡导使用天然物质制成的食品添加剂，特别是在婴幼儿食品中不允许加入人工合成的甜味剂、色素、香精等。

近几年来出现的不少食品安全问题，引起了人们对食品添加剂使用的普

遍关注。"民以食为天"，食品安全问题不仅是个人的问题，也是社会、国家的问题。关于食品添加剂的讨论，是一场化学知识的科普教育，提高了我国公民对食品添加剂的认识，帮助我国公民更科学地看待化学品的生产、使用，使我国公民对化学科学的认识更科学、更正确，从而有利于我国公民形成正确的科学价值观。

16

增塑剂与塑料制品的使用

塑料已经成为日常生活中广泛使用的高分子材料（图 16-1）。不少塑料［例如聚氯乙烯（PVC）］的制造中要使用增塑剂（也称塑化剂）。因此，增塑剂已经是人们会经常接触到的化学品。然而，绝大多数增塑剂对人体有毒性。几年来，有关增塑剂引发的食品安全事件时有发生，如何安全使用塑料制品，如何看待增塑剂，避免增塑剂对人类健康的危害，引起了人们的高度关注。

图 16-1 生活中广泛应的一些塑料制品

16.1 增塑剂引发的两起食品安全事件

2011 年 5 月 23 日，台湾公布了不法厂商在一种食品添加剂（起云剂）

中添加有毒塑化剂 DEHP 的恶性食品安全事件。"塑化剂"从台湾普通消费者一无所知的专有名词变为当地媒体的每日头条，并演变成一次席卷全台、波及世界的"塑化剂风暴"，酿成重大食品安全危机。

事情起于 2011 年 3 月，台湾一位十分负责的检验员，在做例行的益生菌食品检验时，发现其中含有一种代号为 DEHP 的塑化剂。该益生菌食品中的 DEHP 浓度高达百万分之 600，远远超过民众每日平均摄入量（1.29 毫克）的限量。台卫生部门和检方通过一系列调查，最终发现该益生菌食品使用的食品添加剂"起云剂"中含有塑化剂 DEHP。一个香料有限公司在生产起云剂，违法掺入塑化剂 DEHP，以取代本应该使用的棕榈油，牟取暴利（成本降低了 5 倍）。

起云剂是应用于饮料和奶类制品的食品添加剂，通常称为乳化稳定剂。起云剂可以应用于灌装果汁饮料，它能让饮料避免油水分层，有助于释放与保留果汁饮料的香气，去除果汁饮料的异味、杂味，增强果汁饮料口感的润滑性、厚实感，改良果汁饮料的天然感观，提高果汁饮料的品质质量。而非法掺入的塑化剂 DEHP 是一种普遍用于塑料用品制造的塑化剂，是有低毒性的化学品。按规定，绝不能用于食品生产加工。

随后，台湾又查处了另一家非法添加塑化剂邻苯二甲酸二异壬酯（DINP）的起云剂供应商。全台湾至少有几百家业者波及造假事件，受污染产品达近千种。一款产品中还测出了新的塑化剂 DBP，其毒性高于此前发现的 DEHP 和 DINP。我国东莞一台商投资企业生产的添加剂也被检出有毒塑化剂 DEHP。

2012 年 11 月 19 日，我国高端酒行列品牌——酒鬼酒被查出含有塑化剂，且严重超标。质监部门监测显示，酒鬼酒含有的塑化剂也是一种邻苯二甲酸酯。据报道，酒鬼酒公司确定酒中塑化剂来源于自动包装线上使用的小塑料管和酒瓶的塑料瓶塞。此外，公司在生产中临时使用过一段长达 10 米的塑料输酒管，塑料中的塑化剂邻苯二甲酸酯能够溶于酒精中。塑化剂对人类健康的危害再次引起人们的关注。国家食品药品监督管理局办公室为此下达了一系列加强保健食品监督管理、确保产品安全的通知。

这些事件，引起了公众对增塑剂生产、使用安全的注意，也用反面教材对公众进行了一场有关增塑剂、塑料制品的安全使用以及食品安全的科普教育。

16.2　增塑剂的成分与作用

塑料是有机高分子化合物，由单体通过一个个链节联结而成。高分子间存在分子间作用力，使其低温时显得硬，高温时变软。增塑剂是高分子材料的助剂，它具有溶剂化作用。增塑剂添加到塑料等需要增塑的高分子聚合物内，可以与聚合物形成一种固体溶液，使聚合物发生溶胀，削弱聚合物分子之间的范德华力，增加聚合物分子链的移动性，降低聚合物分子链的结晶性，使塑料软化温度和脆化温度下降，硬度也下降，柔韧性、伸长率、曲挠性提高，使塑料变得柔软。增塑剂加得多的塑料制品，如塑料雨衣、床单，可以随意折叠，揉成团；增塑剂少一些，如塑料凉鞋，虽然柔软，却不能折叠；有些硬塑料管的增塑剂就用得更少，只有在火上烘烤，才能使其变软、弯曲。在寒冷地区和炎热地区使用的塑料制品，添加的增塑剂品种和数量比例都不相同。塑料制品用久了，经过风吹、日晒、雨淋，会导致增塑剂的挥发，塑料制品就会变硬发脆，发生老化。

高聚物加入增塑剂，在温度较高时，更易于拉伸和塑造成各种形状。我们日常生活中经常用到的以聚氯乙烯（PVC）作为原料制成的保鲜膜、儿童玩具、一次性手套等产品，都需要添加增塑剂。

可用作增塑剂的物质有很多种，如邻苯二甲酸酯类（图 16-2）、脂肪酸酯类、聚酯、环氧酯等。邻苯二甲酸酯类化合物是一类常见的增塑剂，包括邻苯二甲酸二辛酯、邻苯二甲酸二丁酯、邻苯二甲酸二异壬酯等。

名称和代号	增塑效率
邻苯二甲酸二辛酯(DOP)	1.00
邻苯二甲酸二丁酯(DBP)	0.85
邻苯二甲酸二异辛酯(DIOP)	1.03
邻苯二甲酸二壬酯(DNP)	1.17
邻苯二甲酸正二辛酯(DNOP)	1.17
己二酸二己酯(DOA)	0.94
癸二酸二己酯(DOS)	0.93

图 16-2　几种常用的增塑剂

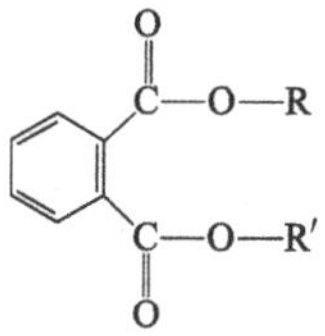

其中，R、R′ 可以是烷烃或芳烃

图 16-3　邻苯二甲酸酯的结构式

邻苯二甲酸酯类物质主要作为增塑剂用于软质聚氯乙烯等材料。邻苯二甲酸酯是邻苯二甲酸与分子中含 4～15 个碳原子的醇形成的酯，其组成可用图 16-3 所示的结构式表示。图中—O—R 基团是 4～15 个碳的醇的氧烃基。

各种邻苯二甲酸酯的分子中—O—R 基团的烃基 R 不同，因而形成不同的品种，主流品种的代号有 DEHP、DOP、DBP、DIBP、DINP 等。这些邻苯二甲酸酯大多是挥发性很低的黏稠液体，有特殊气味，不溶于水，溶于大多数有机溶液，具有低毒性。它们广泛应用于玩具、食品包装材料、医用血袋和胶管、乙烯地板和壁纸的制造，还用于清洁剂、润滑油、个人护理用品（如指甲油、头发喷雾剂、香皂和洗发

液）等数百种产品的配制。

　　邻苯二甲酸酯有低毒，对人体健康能产生严重的危害。研究表明邻苯二甲酸酯在人体和动物体内发挥着类似雌性激素的作用，可干扰内分泌，引起某些疾病，尤其会影响儿童体内激素系统的正常功能，可能引起儿童性早熟。化妆品（如指甲油）中邻苯二甲酸酯含量最高，会通过女性的呼吸系统和皮肤进入体内。过多使用化妆品，会增加女性患乳腺癌的几率，甚至危害所生育子女的健康。塑料玩具、用塑料包装的食物，在其加工、加热、包装、使用过程中，可能会有邻苯二甲酸酯从包装材料中溶出，渗入食物。儿童喜欢把玩具、文具放在口中含咬，长此以往就会导致邻苯二甲酸酯的溶出量超过安全水平，会危害儿童的肝脏和肾脏，也可引起儿童性早熟。

　　使用含有邻苯二甲酸酯的塑料产品，要注意安全。例如，尽量不用其装食品，尤其不要使其接触油脂类、酒精类、有酸碱性的（如醋）食品；避免塑料制品在高低温环境、酸碱性环境中使用。如最好不要用泡沫塑料容器泡方便面，不要用聚氯乙烯（含有邻苯二甲酸酯成分）塑料容器在微波炉中加热食品。

　　为了保障公民的健康，世界各个国家对邻苯二甲酸酯的生产、使用制定了严格规定，发布了塑料产品中邻苯二甲酸酯的最大残留量标准，制定并严格执行相应的检测标准和检验方法。有些国家，还把一些可能危害人体健康的塑化剂列入"黑名单"，对这些化学品的生产和使用进行严格的管控。十多年前，欧盟便对 3 岁以下儿童使用的与口接触的玩具（如婴儿奶嘴），以及其他儿童用品中邻苯二甲酸酯的含量进行严格限制。2014 年，我国对《玩具安全》国家标准进行了修订，增加了对 6 种邻苯二甲酸酯增塑剂的限量要求：总量不超过 0.1％。据报道，我国《学生用品的安全通用要求》的修订工作正在进行，拟增加对邻苯二甲酸酯使用限量的规定。

16.3　聚碳酸酯（PC）塑料与双酚A

　　人们的生活中经常能接触和使用聚碳酸酯塑料，它的原料是石油化工产品。工业上聚碳酸酯塑料的合成有两种工艺，生产过程中都要使用一种称为双酚 A 的有机化合物。例如，用双酚 A 的钠盐和光气在催化剂存在下进行界面聚合，通过缩聚反应生成高分子化合物——聚碳酸酯：

$$NaO-\!\!\bigcirc\!\!-\overset{\underset{\displaystyle CH_3}{|}}{\underset{\displaystyle CH_3}{\overset{|}{C}}}-\!\!\bigcirc\!\!-ONa + n\,Cl-\overset{\displaystyle O}{\overset{\|}{C}}-Cl \longrightarrow$$

$$\left[\!O-\!\!\bigcirc\!\!-\overset{\underset{\displaystyle CH_3}{|}}{\underset{\displaystyle CH_3}{\overset{|}{C}}}-\!\!\bigcirc\!\!-O-\overset{\displaystyle O}{\overset{\|}{C}}\right]_n + 2n\,NaCl$$

上式中，两种反应物依次是双酚 A 的钠盐、光气。

聚碳酸酯耐酸、耐油，具有优异的电绝缘性、延伸性、可加工性、尺寸稳定性及耐化学腐蚀性，还有较高的强度、耐热性、耐寒性、透明度和抗摔性，而且价格低廉。这些优点使聚碳酸酯成为一种优良的热塑性高分子工程材料。用聚碳酸酯制造的空心板和实心板，应用广泛，常用于制造温室大棚、雨棚、站牌顶棚、显示器、广告灯箱等。聚碳酸酯还可以代替有色金属及其他合金，在机械工业上作耐冲击和高强度的零部件。用玻璃纤维增强的聚碳酸酯具有类似金属的特性，可代替铜、锌、铝等压铸件，在电子、电气工业中用作电绝缘零件。

随着生产规模的扩大，聚碳酸酯已经取代有机玻璃，广泛用于日用品制造（图 16-4）。矿泉水瓶、医疗器械到食品包装里，都有它的身影。用聚碳酸酯塑料制造的食品包装容器、婴儿奶瓶等儿童用品，也进入市场。

图 16-4　含聚碳酸酯材料的日用品

聚碳酸酯塑料容器制造过程使用的双酚 A 属于低毒性有机物。动物试验发现双酚 A 有模拟雌激素的效果，即使很低的剂量也能使动物产生雌性早熟、精子数下降、前列腺增长等症状。有资料显示双酚 A 具有一定的胚胎毒性和致畸性，可明显增加动物卵巢癌、前列腺癌、白血病等癌症的发生机率。

长期以来，人们都以为生活环境中接触的双酚 A 浓度很低，不足以构成对人体的危害。含双酚 A 的塑料容器，世界上包括中国在内的绝大多数国家都在正常使用。但是，双酚 A 的各项研究进展和一些使用双酚 A 引起的不良事件，引起了许多国家的关注。研究发现，聚碳酸酯塑料可能含有游离的双酚 A，而且用聚碳酸酯塑料制造的食品包装容器在加热时能析出双酚 A，温度愈高释放愈多，释放速度也愈快。容器在反复刷洗、消毒中受到磨损，更易析出双酚 A。一些研究结果提示，塑料奶瓶等塑料制品中的双酚 A 可能会影响婴幼儿的成长发育，并对儿童大脑和性器官造成损伤。研究认

图 16-5　禁止使用
含双酚 A 塑料奶瓶

为，成人接触双酚 A 后 90％可以通过尿液排出。尿中双酚 A 水平太高时，患Ⅰ型与Ⅱ型糖尿病的风险显著增加。双酚 A 溶入食物和饮料当中，可能扰乱人体代谢过程，对婴儿发育、免疫力有影响，甚至致癌。双酚 A 有雌性荷尔蒙效果，可能会导致婴儿出现女性化变化。因此，它的安全性成为公众关注的焦点。欧盟已宣布从 2011 年 3 月 1 日起禁止生产含双酚 A 的塑料奶瓶，6 月起禁止任何双酚 A 塑料奶瓶进口到欧盟成员国。我国卫生部等六部门也规定，自 2011 年 6 月 1 日起，禁止双酚 A 用于婴幼儿食品容器（如奶瓶）生产和进口。自 2011 年 9 月 1 日起，禁止销售含双酚 A 的婴幼儿食品容器（图 16-5）。

16.4　塑料容器和保鲜膜的选择使用

　　随着塑料容器使用的普及，塑料容器中的增塑剂以及塑料制品使用中发生的安全问题，让人们意识到要重视塑料容器的安全使用。关注塑料容器的安全使用，不仅仅要关注生产中是否使用了增塑剂，使用了什么增塑剂，还要关注塑料容器本身使用的塑料品种和它的性能。

　　美国塑料工业协会制定了塑料制品使用的塑料种类的标志代码：

　　这种标志代码用三个箭头组成的代表循环的三角形作为回收标记，在三角形中间加上 1 到 7 的数字，在三角形下边加上英文缩写标志，用来指代塑料所使用的树脂种类（图 16-6）。把三角形的标志附于塑料制品上（图 16-7），塑料品种的识别就变得简单而容易。在塑料制品上标明材料品种，便于对使用后废弃的塑料制品进行分拣，回收再生利用，节约资源，大幅度削减回收成本。我国在 1996 年也制定了与之几乎相同的标识标准。

图16-6　塑料种类的标志代码

图16-7　塑料制品底部的标志

这些标志代码代表的塑料种类、特点和使用注意事项列在表16-1中。

表16-1　各种塑料的标志代码及其特点、使用注意事项

标号	种类与代号	特点	安全使用注意事项
1	聚对苯二甲酸乙二醇酯(PET)	透明度高;耐酸碱,可装碳酸饮料;防水性高,不易渗出	用于矿泉水、碳酸饮料、果汁的饮料瓶。 不能在太阳下直射;不要装酒、油等物质。耐热至70℃,只适合装暖饮或冻饮,装高温液体或加热则易变形,有对人体有害的物质溶出。饮料瓶不宜循环使用装热水;用后不宜再用做水杯或者做储物容器用10个月后可能释放致癌物,对睾丸有毒害作用
2	高密度聚乙烯(HDPE)	半透明、不透明,手感较厚,较耐各种腐蚀性溶液	多用于清洁用品、沐浴产品容器等,如白色药瓶、不透明洗发水瓶、酸奶瓶、口香糖瓶等。盛装清洁用品、沐浴产品的塑料容器可重复使用,但通常洗不干净,残留的物质会产生细菌,所以最好不要循环使用
3	聚氯乙烯(PVC)	只能耐热81℃,高温时、制造过程中会释放产生有害物质。含增塑剂	常用于雨衣、薄膜,很少被用于食品包装使用时不要受热

标号	种类与代号	特点	安全使用注意事项
4	低密度聚乙烯（LDPE）	延展性好，耐热性不强，超过110℃时出现热熔现象，留下人体无法分解的塑料制剂	多用于塑料膜、保鲜膜、牙膏或洗面乳的软管包装，使用广泛。不宜作为饮料容器食物入微波炉加热要取下保鲜膜，以免食物中的油脂将保鲜膜中的有害物质溶出
5	聚丙烯（PP）	硬度较高，轻，透气性佳，耐热温度可达167℃，且表面有光泽。温度过高，会有对人体有害的气体挥发	用于一次性果汁、饮料杯、塑料餐盘，微波炉餐盒。在微波炉加热，应拿掉不是用PP塑料制造的盖子。微波炉的塑料盒，可在小心清洁后重复使用
6	聚苯乙烯（PS）	有发泡及未发泡两类。耐热60～70℃，装热饮料会产生毒素，燃烧时会释放苯乙烯	常用于冰品容器、快餐盒、碗装泡面盒遇强酸、强碱性物质会产生有害物质，不宜盛装强酸性饮料、强碱性物质。避免用快餐盒打包滚烫的食物，不能放进微波炉中加热
7	聚碳酸酯（PC）	聚碳酸酯在制造时使用了双酚A。制品可能含游离双酚A，遇热会放出来。温度愈高，释放愈多、愈快	用于制水壶、水杯、奶瓶、PC胶。遇热会释放双酚A影响健康。不要盛热水，勿加热，勿受阳光直射；不用洗碗机、烘碗机清洗；第一次使用前，用小苏打粉加温水清洗，晾干；容器破损、老化，建议不再使用

从上表可以知道，一般的聚氯乙烯、聚苯乙烯等塑料制品有毒，不能用来盛放食物。牛奶瓶、口杯、水壶和食品袋是用聚乙烯做的。聚乙烯的化学成分没有毒性，也没有添加增塑剂，可以放心使用。

上表从容器制作材料区分塑料容器，从塑料的特性出发提示安全使用的注意事项。通常塑料还按高分子结构特点和在受热时的变化被分为热塑性、热固性塑料。常见的塑料鞋、塑料脸盆、塑料雨衣、人造革等所用的高分子材料聚氯乙烯，牙刷柄、肥皂盒的制作材料聚苯乙烯，三角板、半圆仪、发卡、纽扣的制作材料有机玻璃或聚乳酸，食具用的材料聚乙烯，都是"热塑性"塑料，受热到一定温度就会软化，遇冷变硬。这些材料的高分子长链间没有发生交联，具有线形结构。热固性塑料加热不会软化，也不会熔融，到一定温度会分解、氧化变焦。铝锅把手、电器和仪表的外壳、墨水瓶盖、钢笔杆等大多是酚醛塑料（电木）制品，色彩鲜艳的铅笔刀外壳、玩具、模型是聚氨基塑料（电玉）制品。酚醛塑料、聚氨基塑料都是热固性塑料。热固性塑料在成型时，高分子长链间发生交联，从线形结构转变为体形网状结构。成型以后，不会软化，无法重塑。

塑料薄膜、塑料袋、塑料瓶等制品，有的是用不加增塑剂、本身无毒无害的塑料（如聚乙烯）制作的，有的是用对人体有害的或添加了增塑剂的塑料（如聚氯乙烯）制作的。学会简单辨别无毒塑料和对人体有害的塑料，可以避免错用有毒的塑料容器盛装食品和饮用水。一般来说，无毒的塑料袋呈乳白色、半透明，或无色透明，有柔韧性，手感润滑，表面似有蜡；有毒的塑料袋颜色混浊或呈淡黄色，手感发粘。若把塑料袋置于水中，并按入水底，无毒塑料袋比重小，可浮出水面，有毒塑料袋比重大，将会下沉。用手抓住塑料袋一端用力抖，发出清脆声者无毒；声音闷涩者有毒。无毒的聚乙烯塑料袋易燃，火焰呈蓝色，上端呈黄色，燃烧时像蜡烛泪一样滴落，有石蜡味，烟少；有毒的聚氯乙烯塑料袋不易燃，离火即熄，火焰呈黄色，底部呈绿色，软化能拉丝，有盐酸的刺激性气味。

　　市场上销售的食品保鲜膜（图 16-8）有用聚乙烯（PE）、聚丙烯（PP）、聚氯乙烯（PVC）塑料制作的，还有用聚偏二氯乙烯（PVDC）制作的。用聚乙烯、聚丙烯、聚偏二氯乙烯制作的食品包装材料比较安全。用聚氯乙烯（PVC）制作的包装材料，往往加入了稳定剂、润滑剂、增塑剂等辅助原料，对人体有害，不宜使用于食品包装或盛装。

图 16-8　食品保鲜膜

　　保鲜膜的功能是保水、保质和保护食品营养成分，阻隔空气中的灰尘，阻止厌氧菌的繁殖，在一定时间内对延长食品的保鲜期有一定效果。有些食品保鲜膜有杀菌抑菌、祛除农药残留的作用。新鲜果蔬是有生命的活体，在贮藏过程中仍然进行着正常的以呼吸作用为主导的新陈代谢活动，消耗氧气，释放二氧化碳，并释放一定的热量。果蔬在储运过程中，水分逐渐散失，会使果蔬表面产生皱缩、光泽消退。合格的保鲜膜有适度的透氧性和透湿度，能调节果蔬周围的氧气含量和水分含量，为果蔬提供最适宜湿度，降

低水分丧失速度，限制水分和营养成分的过快流失，抑制果蔬的呼吸作用和新陈代谢速度，延缓衰老，减少果蔬内有效成分的降低和消耗。用保鲜膜包裹的水果，能形成低氧气、高二氧化碳的氛围，抑制某些生理病害的发生发展，还可以抑制水果中乙烯的生物合成，减少贮藏过程中的腐烂损失。

然而，并不是所有食物都适合用保鲜膜，何况市面上的各种塑料保鲜膜等包装产品很多，良莠不齐。时下，人们对保鲜膜过度依赖，不少人不加选择地购买使用塑料食品保鲜膜，可能对食品的保鲜和人的健康带来负面影响。

市场上的保鲜膜有的适用于冰箱保鲜，有的适用于微波炉加热。未注明适用微波炉的保鲜膜，不宜在微波炉内使用。可用于微波炉的，使用时间也不宜过长。在微波炉加热油性较大的食物时，应将保鲜膜与食品保持隔离状态，不要使二者直接接触。食物被加热时，食物油可能会达到很高的温度，使保鲜膜发生破损，粘在食物上。加热食物时应当用保鲜膜覆盖好器皿后，再用牙签等针状物在保鲜膜上扎几个小孔，以利于水分的蒸发，防止因气体膨胀而使保鲜膜爆破。各品牌保鲜膜所标注的最高耐热温度各不相同，有的相差10℃左右。微波炉内的温度较高时一般会达到110℃左右，要长时间加热的食物，可选择耐热性较高的保鲜膜。此外，在微波炉内加热食物时最好选用耐热玻璃、瓷碟等来代替保鲜膜覆盖食物，这样可避免保鲜膜熔化和保鲜膜中的增塑剂污染食物。

保存食品不要过度依赖保鲜膜。水分较多的蔬果如苹果、梨、西红柿、油菜、韭黄等适合用保鲜膜长时间保鲜。但一些蔬菜（如黄瓜、萝卜）则相反，长期使用保鲜膜，营养成分易丧失。据实验发现，100克裹上保鲜膜的萝卜存放一天后，其维生素C含量减少了3.4毫克。高脂肪、高糖分的熟食、热食，特别是肉类，最好不要用保鲜膜包装贮藏。国际食品包装协会指出，这些食物和保鲜膜接触后，很容易使保鲜膜中所含的化学成分挥发，溶解到食物中去，对健康不利。

CHAPTER 17

关于白色污染及其治理的讨论

　　在当今世界的社会生活中，塑料制品到处可见，人们随心所欲，漫不经心地取用和丢弃塑料制品。在人们心目中，塑料就应该价廉、好用，用后丢弃也是自然的，而全不考虑它是历经了怎样的千变万化，耗费了多少劳力和能源才制造出来的。丢弃塑料之后，人们看到满世界的黑白、红黄的"塑料尸体"玷污了大地、江河湖海，不免皱上眉头，咒骂塑料让世界得了"白色污染病"。

　　为了解决塑料使用和产生白色污染的矛盾，2007年12月31日，我国国务院办公厅下发了《关于限制生产销售使用塑料购物袋的通知》，规定"从2008年6月1日起，在全国范围内禁止生产、销售、使用厚度小于0.025毫米的塑料购物袋，在所有超市、商场、集贸市场等商品零售场所实行塑料购物袋有偿使用制度，一律不得免费提供塑料购物袋"。这条规定被群众称为"限塑令"。7年后的2015年，我国塑料袋的生产、使用，却依然没有得到有效的控制。虽然大型超市里自己随身携带购物袋的人增多了，但花钱购袋的人还占多数；农贸市场等销售点不仅容易买到"超薄袋子"，许多商户仍然免费供应超薄塑料袋。小小塑料袋的生产、使用和废弃污染问题，也是各种塑料日用制品面临的共同问题。

　　在根本上解决塑料制品的使用和白色污染间的矛盾，需要人们正确认识和使用塑料制品，形成和遵守共同的行为准则。

17.1　深刻认识白色污染的危害

　　多数人对废弃的泡沫塑料制品、塑料袋造成的白色污染（图17-1）的厌恶大多只是因为觉得它们破坏了环境的整洁、美观，不堪入目而已，而对于白色污染带来的对人体健康的威胁和能源的浪费等问题缺乏深刻认识。

图 17-1　五彩的"白色污染"

　　以塑料薄膜为原料制造的塑料袋，是由一名欧洲的工厂主于1902年发明的。由于其方便易用，价格低廉，自塑料袋诞生之日起，它注定了是"即用即弃"的消耗品，也因此成了白色污染的制造者。多年来被广泛使用的各种塑料制品，由于其化学性质稳定，难以在自然环境中被降解、破坏，不能自行转化为二氧化碳、水等小分子无机化合物，即使填埋，也难以被细菌微生物分解，融入土壤，自行"消失"。这就意味着废塑料垃圾如不加以回收，将在环境中变成污染物长久存在并不断累积，会对环境造成极大危害。

　　非降解性塑料薄膜大多是高压低密度聚乙烯（LDPE）、高密度聚乙烯（HDPE）和线型低密度聚乙烯（LLDPE）以及聚氯乙烯（PVC）。制造这些塑料的主要原料是石油化工产品乙烯（$CH_2\!=\!CH_2$）、氯乙烯聚合制得的高分子化合物。其分子内化学键稳定，分子间存在较强的范德华力。它们在生产过程中还加入了少量（一般不超过 $1\%\sim2\%$）的其他共聚单体（1-丁烯、1-己烯或1-辛烯等）和各种类型的烃类稀释剂、抗氧剂。这些辅料，可

化学世界漫步

以改进聚合物性能，减小聚合物的结晶度，防止聚合物在加工过程中降解，并防止制成品在使用中氧化。制得的塑料具有良好的耐热性（熔点约为130℃）和耐寒性，化学稳定性好，耐酸耐碱，还具有较高的刚性和韧性。这些特点，是它们得以广泛应用的原因，也是它们被废弃后在环境中难以"消失"的原因。

统计显示，全球每年的塑料总消费量达4亿吨，我国消费量在6000万吨以上。大量的塑料包装材料，破损后难以回收再利用，难以处理，遗留在环境中，造成严重的环境污染。据美国科学组织统计，每年约有640万吨的垃圾进入海洋，平均每天约800万件垃圾入海，其中15%的垃圾停留在海滩上，15%的垃圾漂浮在水面上，超过70%的垃圾直接沉降进入海底。在海洋中已经形成了垃圾岛和垃圾漂浮带。过去60年来人类丢弃的600万吨塑料等垃圾在美国加州海岸延伸至日本的太平洋海域内，形成了面积达343万平方公里的"垃圾洲"（图17-2）。

大量的废弃塑料进入海洋，影响了海鸟和海洋哺乳动物的生活，对人类健康也产生了很大的负面影响。塑料垃圾会缠住海洋生物，使它们不能脱身，被饿死、窒息死亡或被其他动物吃掉。例如海龟常常误食塑料袋，导致肠胃堵塞而无法进食，被活活饿死。一些微生物"喜欢"附着在垃圾上，随洋流漂泊，可能会来到一个以前没有这种生物的地区，干扰这一地区的海洋生态系统。

图 17-2　被废弃塑料覆盖的海面

人类也不可避免地要受到进入海洋、江河的塑料垃圾的威胁。流入海洋的废弃塑料和渔网会缠住船只的螺旋桨，引起航行事故。流入江河的废弃塑料，会影响水电站的运行。在长江被塑料垃圾严重污染期间，葛洲坝水电站每天因清理漂浮的塑料垃圾被迫停机，损失发电量达千万瓦时。

有研究指出，塑料分解后的颗粒可以吸附海水中的有毒化学物质，这些毒素可以沿着食物链进入人类体内。一些垃圾会溶出有毒物质，直接威胁水体和沉积物环境质量。例如，纽扣电池进入海洋后，溶出的锰、汞、锌、铬等重金属将会污染水体，鱼类或贝类可能积累重金属并通过食物链传递给人类，如果人体中长期积蓄重金属将会损害神经系统、造血功能，甚至可以致癌。

废塑料随垃圾填埋不仅会占用大量土地，废塑料制品在土壤中不断累积，会改变土壤的酸碱度，影响农作物吸收养分和水分，导致农作物减产。被占用的土地长期得不到恢复，严重影响土地的可持续利用。废弃在陆地上或水体中的塑料制品，被动物当作食物吞入，将导致动物死亡，破坏生态平衡。据报道，青海湖畔有 20 户牧民，共有近千只羊，羊因为喜欢吃塑料袋中夹裹着的油性残留物，常常连塑料袋一起吃下去了，塑料长时间滞留胃中，使其消化力下降，最后被饿死，造成经济损失达 30 多万元。许多无合法营业执照的塑料回收再利用的厂家，由于设备陈旧、操作不规范，产生的毒害物质会渗入土壤、地下水。此外，塑料制品在高温时易分解出许多有毒物质，造成二次污染。

消除废弃塑料随意被抛弃形成的白色污染，最简单的方法之一，是让每个使用塑料袋等塑料包装材料的公民，养成少用塑料袋或者使用耐用的塑料袋，并不随意抛弃，能自觉集中回收处理的习惯。但是现实说明，这一相对简单的方法却是难以实施的方法。其关键在于全体公民的环保意识和垃圾分类收集制度的建立，这需要国家和每个公民都付出努力。

17.2 废弃塑料制品回收再利用的研究

塑料和塑料制品的生产耗费了大量的能源和物质资源，废弃塑料制品中的材料和蕴含的能量应该得到回收。废弃塑料中的 85% 以上是塑料包装废弃物。全球每年的塑料产量超过 1 亿吨，包装占到了整个市场的 30% 以上。这些塑料包装废弃物可以回收处理或再生利用。例如，将废塑料再生、热处理油化、加工成衍生燃料（RDF）、焚烧能源化；还可以以废塑料为原料利用化学处理方法来制造涂料、油漆、黏合剂、轻质建材等。

科学家们研究了废弃塑料回收再利用的多种途径。例如：

（1）加工成再生塑料　塑料再生的方法，有用机械方法直接再生或改性再生。

直接再生是将废旧塑料经过清洗、破碎、塑化，直接加工成型，或与其他物质经简单加工制成有用制品。这种方法，塑料筛选工艺较为复杂，但再生工艺简单、成本低廉。再生塑料制品力学性能下降幅度较大，不宜制作高档次的塑料制品。我国石油资源消费缺口很大，塑料原料大量依赖进口，再生塑料来源丰富、成本低廉，是解决原料紧缺的捷径。例如，泡沫塑料在消泡后再重新加工成可发性聚苯乙烯，并用于生产泡沫塑料板材；HDPE 牛奶瓶回收后制成洗衣店用的 HDPE 洗涤剂瓶，然后再次回收后又制成塑料箱。

改性再生是在塑料废弃物活化后加入一定量的无机填料，同时还应配以较好的表面活性剂，以增加填料与再生塑料材料之间的亲和性，达到改善性能的目的。例如，使用纤维将热塑性塑料（如 PP，PVC，PE）等通用型树脂改性成工程塑料和结构材料。改性再生还包括通过化学反应对材料进行改性。例如，通过化学反应在分子链中引入其他链节和功能基团对废弃塑料进行改性，赋予其较高的抗冲击性、耐热性及抗老化性。

（2）进行化学处理　直接将废弃塑料经过热解（热分解）或化学试剂的作用分解（化学分解），可将其转化为单体或不同聚体的小分子、化合物，甚至燃料等化工产品。化学分解回收处理方式设备投资少，易控制，产物均匀，不需进行分离和纯化，可以使自然资源的使用形成一个"封闭"的循环。采用化学处理再生工艺生成的化工原料在质量上与新的原料不分上下，可以与新材料等同使用。如，将聚氨酯、热塑性聚酯、聚酰胺等废旧塑料经分选后，通过水解或醇解反应，转化为单体或相对分子质量低的物质，可以重新成为合成高分子材料的原料。日本崇城大学采用微波进行废塑料的化学分解研究，把聚酯塑料（如废 PET 瓶的塑料）在碱性催化反应条件下用微波照射 7 分钟后，PET 瓶碎片可完全分解，分解速率提高了 30 倍。

PE、PS、PMMA、PVC 等塑料经催化高温裂解，还可转化为汽油、柴油等燃料（图 17-3）。美国一家公司开发了一种技术，在炼油厂中把经过预处理的废旧塑料溶解于热的精炼油中，在高温催化裂解催化剂的作用下废旧塑料分解为低沸点脂肪烃或芳烃燃料。

化学处理方法还可将废弃塑料通过化学反应转化为可用于其他行业的新材料。有媒体报道，贝拿勒斯印度教大学的研究人员发现，塑料袋的聚乙烯成分经一定处理后能将铺路的石子包裹住，使之与煤焦油更有效地黏合。这样铺出的路浸水后不易出现裂缝。日本开发的一种技术，可以把废塑料中所含的碳元素作为电炉使用的含碳材料。该工艺把废塑料与铁粉混合后，装入

图 17-3　废弃塑料炼油装置

回转窑加热，获得废塑料和铁粉混合的颗粒体，再将所得的颗粒采用固化挤压机挤压致密后，投入电炉使用。

　　研究者在海洋垃圾中的塑料处理研究中发现，在 525℃的温度下，70％的废旧塑料能够转换为有用的芳香族物质，它们可做化工品和医药品的原料及燃料改进剂，其余成分可转换为氢和丙烷。海洋垃圾中的塑料还可用于制造燃油、生产防水抗冻胶、制备多功能树脂胶等。

　　（3）焚烧处理　几乎所有塑料的主要成分都是碳氢化合物，将其脱水后可以用焚烧方法处理（图 17-4）。其燃烧热值一般为 83 千焦/千克，接近燃料油，焚烧产生的大量热量可再次充分利用。焚烧过程中要控制有害气体排放。焚烧生成的灰烬，可用于填海造地或建造岛屿。目前，在日本有焚烧炉近 2000 座，利用焚烧废塑料回收的热能约占塑料回收总量的 38％。德国有废塑料焚烧厂 40 多家，他们将回收的热能用于火力发电，发电量占火力发电总电量的 6％左右。

　　塑料焚烧后可减少 90％的体积和 80％的质量。废塑料焚烧的主要产物是二氧化碳和水，但随着塑料品种、焚烧条件的变化，也会产生多环芳香烃化合物、一氧化碳等有害物质，焚烧 PVC 会产生 HCl，焚烧聚丙烯腈会产生 HCN，焚烧聚氨酯会产生氰化物等。在废塑料中还含有镉、铅等重金属化合物，在焚烧过程中，这些重金属化合物会随烟尘、焚烧残渣一起排放，污染环境。因此塑料焚烧必须安置废气的处理设施。

化学世界漫步

图 17-4　废弃塑料焚烧发电

目前，我国废塑料的回收利用率只有 20％左右，其余 80％的塑料被填埋焚烧。德国和日本的废塑料回收利用率达到 70％。在废弃塑料回收方面，我国还有很大的发展空间。

17.3　研究和生产环保塑料袋和可降解塑料

解决塑料的生产使用和环境污染问题之间矛盾的第三个重要途径是研究开发可降解的塑料、制造环保塑料袋和可自行降解的塑料薄膜等塑料制品（图 17-5）。

图 17-5　可降解塑料袋

17.3.1 可降解塑料袋的制造

目前出现的制造可降解塑料袋的方法有两种。一种是在制造塑料袋的过程中加入一定量的添加剂（如淀粉、改性淀粉或其他纤维素、光敏剂、生物降解剂等），使塑料包装物的稳定性下降，较容易在自然环境中降解。试验表明，大多数可降解塑料在一般环境中暴露 3 个月后开始变薄、失重、强度下降，逐渐裂成碎片。这种可降解塑料靠消耗粮食生产；废弃塑料碎片被埋在垃圾或土壤里。但其降解效果不明显，不能完全消除污染，不能彻底解决对环境的"潜在危害"。另一种方法是在制造回收再生塑料袋时，加入降解剂。这种塑料袋经过日光照射、遇潮湿环境可以很快溶化。

17.3.2 研制可全部回收的新型塑料

为了更有效地解决废弃塑料造成的环境问题，世界各国都在研究开发在自然界可自行降解或可全部回收利用的其他高聚物。聚乳酸（PLA）塑料的研制就是一例。

聚乳酸（PLA）是以玉米、小麦、木薯等一些植物中提取的淀粉为最初原料，经过酶分解得到葡萄糖，再经过乳酸菌发酵后变成乳酸，最后由乳酸聚合生成的线形高分子化合物（图 17-6）。

图 17-6 用玉米制造聚乳酸塑料

乳酸通过直接聚合法（PC 法）或间接聚合法（丙交酯开环聚合法，ROP 法）发生缩聚反应得到聚乳酸：

$$HO-\overset{\underset{\displaystyle H}{|}}{\underset{}{C}}H-\overset{\displaystyle O}{\overset{\|}{C}}-OH \rightleftharpoons HO-\left[\overset{\underset{\displaystyle H}{|}}{C}H-\overset{\displaystyle O}{\overset{\|}{C}}-O\right]_n H + (n-1)H_2O$$

聚乳酸是一种真正的生物塑料，无毒、无刺激性。聚乳酸塑料制品废弃在土壤或水中，30天内会在微生物、水、酸和碱的作用下彻底分解成 CO_2 和 H_2O，随后在太阳光合作用下，又成为淀粉的起始原料，不会对环境产生污染。聚乳酸塑料强度高，可塑性好，易于加工成型。其生物相容性较好，在生物医学、药物控制释放体系、骨科固定和组织修复、外科用可吸收手术缝合线制造、视网膜脱离修复手术等方面都有很好的应用前景。此外，聚乳酸塑料在纺织领域、包装领域的应用研究也是科学家们研究的热门。

由于聚乳酸本身为线型聚合物，聚合所得产物的相对分子量分布过宽，聚乳酸材料的强度往往不能满足要求，脆性高，热变形温度低，抗冲击性差。聚乳酸中有大量的酯键，亲水性相对较差，降低了它与其他物质的生物相容性，降解周期难以控制。此外乳酸的价格以及聚合工艺决定了聚乳酸的生产成本较高。这些问题都需要通过研究加以改进。

目前，科学家已研究出了多种改进方法，如用生物相容性增塑剂来提高聚乳酸的柔韧性和抗冲击性能；运用共聚改性方法，在聚乳酸的主链中引入另一种分子链，以提高聚乳酸柔性和弹性；运用熔融共混改性，把聚乳酸和其他可生物降解聚合物或不能在环境中降解的塑料混合塑制成型，使不同高聚物性能互补，改善材料的机械性能和加工性能，降低成本。将聚乳酸与其他材料组成复合材料，可以解决聚乳酸的脆性高的问题。例如，把聚乳酸与碳纤维复合，模压成型得到聚乳酸自增强材料，其初始弯曲强度大，具有相当的承载能力。将羟基磷灰石加入聚乳酸的三氯甲烷溶液中，在真空条件下挥发溶剂制备出聚乳酸与羟基磷灰石的复合物，其相对密度和压缩浓度较大。

除聚乳酸的研发外，科学家也在开发研究其他可全部回收的高分子化合物。例如，最近美国IBM公司意外发明了一种可全部回收、具有自我修复功能的热固性聚合物。这种聚合物能减少浪费与污染，而且质量更轻、强度更高，被称为新一代高聚物。

这种塑料的发明出于偶然。一位研究员在做实验时因疏忽忘记添加了某种试剂，意外发现烧瓶中的溶液突然硬化，结成了十分坚硬的固体，用捣锤、榔头都敲不碎。这个意外发现让她欣喜不已。她与IBM的计算化学团

队合作，最终成功研制出新一代热固性聚合物（简称 PHT）。研究发现 PHT 可应用于航空航天、交通运输和半导体工业等。得益于 PHT 的启发，IBM 还研发出另一种非常轻且富有弹性、可完全回收、并能进行自我修复的聚合物，这种聚合物可以作为良好的黏合剂。

18

化学科学与温室效应的扼制

许多资料和事实说明，全球气候正在变暖。各个学科各个领域（包括化学科学）的许多科学家通过大量的调查研究和数据分析，认为人为因素导致的二氧化碳气体排放量的剧增对于全球气候变暖起了重要的作用。扭转全球气候变暖的趋势、采取措施防治气候变暖是世界各国刻不容缓的共同任务，这一点也已为各国政要所认同。化学家和从事环保事业研究的科学家，积极投入了应对全球气候变暖问题的研究，在帮助人们认识和研究防治全球气候变暖方面作出了许多重大的贡献。

18.1 全球气候变暖的趋势与危害

2011 年美国国家航空航天局在一份最新声明中指出，当年全球地表平均温度较 20 世纪中叶的基准温度偏高 0.51℃，为 1880 年以来第九热的年份；到 2011 年为止，全球最热的十年中，除 1998 年以外，其余 9 年都出现在 2000 年以后。据美国海洋大气局的监测结果，2011 年与 1997 年并列为 1880 年以来的第十一个最暖年份。2011 年是 1951 年以来所有"拉尼娜"年（"拉尼娜"指发生在赤道中东太平洋的海水偏冷的现象，在"拉尼娜"年全球地表平均温度相对较低）中最暖的一年。这两个机构所使用的资料和计算方法有所不同，但一致认为 2011 年是有记录以来最暖的年份之一。

2016 年初，德国科学家公布了一份最新研究成果，认为人类对地球天然碳平衡的干扰，可能将下一个冰河期推迟 10 万年。我国碳专项首席科学家、中科院大气物理研究所吕达仁院士在 2016 年初介绍说，"地质研究表明，在地球 40 多亿年的漫长岁月中，气候总是在冰期、间冰期之间轮替。从大时间尺度来说，地球有比现在更热、甚至热得多的时期。人力无法改变地质力量。我们应该关注的是气候变化的速率和强度。研究发现，百年来中国气温增长了 1.2～1.5℃，变化的程度比我们原来估计的要高。气候变化对我国极端天气事件造成的影响比以前我们认为的更大。这些变化发生在百年时间里，人类的寿命也不过百年，不应当漠视。近百年来的急剧增温，是自然因素和人为因素叠加导致的。其中人为因素起到什么作用？该如何控制？这都是我们必须密切关注的问题。"

对气候变暖是利还是弊，还存在争议。一些学者研究认为，从历史上看，暖湿的时期应比冷干的时期对人类社会的发展有利。因为人类社会长时期处于农业社会，冷干气候不利于农业生产。然而，也有学者认为，随着社会发展，气候变化对人类社会的影响已经不可与早期文明时期相提并论。例如，气候变暖将导致海平面上升，这对农业的影响不大，但对沿海地区的基础设施和人居环境将造成巨大影响。在未来的 50 到 100 年间，如果气候变暖的速度过快，自然生态系统和人类经济社会系统来不及去适应的话，负面影响应该是主要的，甚至有可能是灾难性的。据研究预测，本世纪末之前全球平均温度将会继续升高，北半球高纬度地区增幅最大。到 2100 年，以温室气体的排放分低排放、中排放、高排放三种情况做估计，全球平均地表温度将可能分别上升 1.3℃、2℃、4.3℃。我国 21 世纪末的平均温度，将比 20 世纪后 20 年的年平均温度分别增加约 2.5℃、3.8℃、4.6℃，比全球平均温度的增幅要大。如果气温持续上升，全球大部分地区海冰和积雪都将减少，海平面将会继续上升。格陵兰岛上的绝大部分冰川将会融化，南极西部的冰川也会受到影响，海平面将抬高 6 米（20 英尺）。这一结果造成的灾难可想而知。

18.2 二氧化碳浓度持续增长对气候和生态的影响

IPCC（政府间气候变化专门委员会）第四次评估报告认为，人类活动很可能是 20 世纪后半叶以来全球气候变暖的主要原因。最新的观测数据和

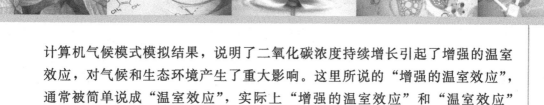

计算机气候模式模拟结果，说明了二氧化碳浓度持续增长引起了增强的温室效应，对气候和生态环境产生了重大影响。这里所说的"增强的温室效应"，通常被简单说成"温室效应"，实际上"增强的温室效应"和"温室效应"的含义不同。

18.2.1　什么是"增强的温室效应"

人们所说的大气中二氧化碳引起的"温室效应"，实际上是指排入大气中的二氧化碳的浓度急剧增加，引起的"增强的温室效应"。

温室效应原指透射阳光的密闭空间由于与外界缺乏热交换而形成的保温效应。温室有两个特点：温度较室外高，不散热。生活中的玻璃育花房和蔬菜大棚就是依此原理建立的典型温室。太阳短波辐射可以透过大气射入地面。大气中的水蒸气（H_2O）、二氧化碳（CO_2）、氧化亚氮（N_2O）、甲烷（CH_4）、臭氧（O_3）等气体具有吸收太阳辐射中红外线的能力，还能将吸收的太阳辐射重新发射出来，像温室屋顶的厚厚玻璃，使地球变成了一个大暖房。这种能使地球变得更温暖的影响被称为温室效应（图18-1），能引起温室效应的气体被称为温室气体。

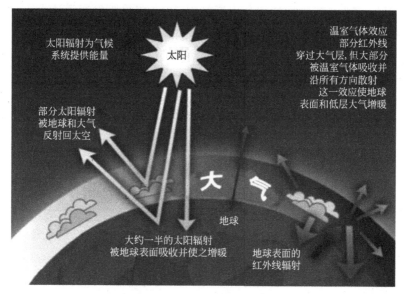

图 18-1　温室效应示意图

水蒸气是温室气体，水蒸气的温室效应自生命诞生就有。研究资料表明，水蒸气的温室效应显著，如果没有水蒸气的自然温室效应，地球将是一

片苦寒死寂。正是凭借水蒸气的保温作用，地球上的生物才能生活繁衍。但是水蒸气不是增强温室效应的气体，这是为什么？我们知道，水蒸发形成水蒸气进入大气，而大气中的水蒸气在高空受冷会凝结成小水点或小冰晶，升华形成云，小水点或小冰晶相互碰撞、并合，变得越来越大，大到空气托不住的时候便会降落下来。水的循环，使大气中的水蒸气平均含量基本不变。地球上已经存在了数亿年水蒸气保温层，不会因为气温或其他人为因素而变化。因此，水蒸气不可能引起显著的增强温室效应的作用。

18.2.2　二氧化碳排放的激增是引起增强温室效应的主要因素

在人类排放的温室气体中，二氧化碳所占比例大于 80%。真正引起增强的温室效应、造成全球气候变暖的主要因素是二氧化碳气体排放的激增。温度的升高增强了海水的蒸发，冰川的融化，导致大量的水蒸气进入大气，以致温室效应进一步加剧，而更强的温室效应导致更多的水蒸气蒸发……在这种循环下，地球变得越来越热，而这一切的导火索是激增的二氧化碳。

IPCC 第三次评估报告的主要执笔人之一、瑞典两任首相的环境顾问、瑞典查默斯科技大学能源与环境系教授克里斯蒂安·阿扎编著了《气候挑战解决方案》一书（我国社科文献出版社在 2012 年出版发行了该书）。克里斯蒂安·阿扎在书中阐述了人类活动排放的二氧化碳对大气层的影响，指出二氧化碳的排放使全球气温上升。大量研究说明，已知的自然因素都难以解释当今全球变暖的基本特征和规律，不可能把近百年全球增暖趋势归因于已知的任何一种自然因素。统计数据说明，工业革命以来，大气温室气体浓度与地表平均温度都呈现上升趋势。人类排放源较多较强的北半球，大气温室气体浓度、地表平均温度二者的上升幅度都大于南半球。在地表-大气-海洋温度、水循环、冰冻圈以及极端天气气候事件等方面的变化中，可以越来越多地分辨出人类活动对气候的影响。

图 18-2、图 18-3 显示最近几十年间大气中二氧化碳浓度的增长。现在大气中的二氧化碳含量是百万分之 385，比原来大气中的二氧化碳增加了百万分之 100。这足以引起极地冰盖的融化，气候模式发生变化，植物和动物正在向两极迁徙以找到舒适的存活区域。人类每排放一吨二氧化碳，大气层中的二氧化碳相应会增加一吨。其中，部分二氧化碳迅速溶解于海洋或被森林所吸收。但是，在一百年以后，大气层中还会剩下约 40% 的二氧化碳，一千年以后，还将剩下 20% 的二氧化碳。这正如，我们向装了半瓶水的瓶

化学世界漫步

子里注入二氧化碳，然后再盖上瓶盖。起初，一部分二氧化碳将很快溶于水中，达到溶解平衡后，二氧化碳将以稳定的浓度存留在空气中。在大气中最后剩下的 20％的二氧化碳气体，在此后数万年的时间里，才能通过多种物理化学作用缓慢消失。

随着大气层中二氧化碳浓度的增加，全球平均气温也相应上升。排放的每一吨二氧化碳气体，都会导致气温在数十年的时间内逐渐上升，而且至少要在一千年后，气温才趋于稳定。几千年的时间还不足以平息

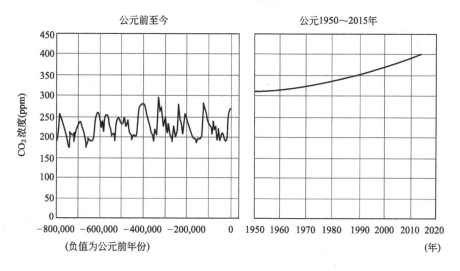

图 18-2　全球大气二氧化碳浓度变化趋势

二氧化碳排放对气温产生的影响。至少需要数万年，才能彻底消除这一影响。全球每年排放的二氧化碳多达 350 亿吨。据估计，这将导致每十年温度上升 0.15℃。如果人类的二氧化碳排放量保持现有水平，温度的升高也将基本维持这个速度。如果可以将排放量减少一半，温度还是会继续上升，但上升速度只有现在的一半。而且，一旦气温上升到某个阈值（例如比工业化之前高 2℃），那么此后再排放的每吨二氧化碳都会让温度上升得更快，而且其影响会延续数千年。

讨论、研究二氧化碳气体对气候的影响，也不应该忘记其他具有热效应的气体对气候的影响。1997 年各国于日本京都通过的《京都议定书》，提出了削减六种温室气体的要求。这些气体除二氧化碳外，还包括甲烷（CH_4）、氧化亚氮（N_2O）、氢氟碳化物（HFCs）、全氟碳化物（PFCs）及六氟化硫

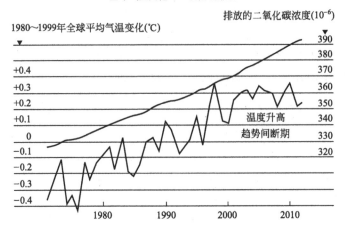

全球气温变化与二氧化碳排放

排放的二氧化碳浓度(10^{-6})

1980～1999年全球平均气温变化(℃)

图 18-3　全球气温变化与二氧化碳排放浓度

(SF_6)。各种温室气体中，氢氟碳化物（HFCs）、全氟碳化物（PFCs）及六氟化硫（SF_6）造成温室效应的能力最强。

　　2011 年 9 月 14 日，欧盟议会在斯特拉斯堡举行的全会上，通过《CO_2以外人为排放的总体研究分析》的决议案。议会认为，全球积极应对气候变暖并采取各种措施减少 CO_2 的排放应给予充分肯定，但不够全面，还应高度重视 CO_2 以外热效应气体的减排。决议案列出三种具有热效应的气体或物质：①含氟碳氢化合物（HFC），该气体主要应用于制冷系统；②氮氧化物（NOx），该气体以间接方式产生热效应；③炭黑（Suie）。和二氧化碳相比，其他温室气体排放量少得多，但是它们对全球变暖的贡献也不能忽视。据统计，其他温室气体对全球变暖的贡献百分比约为 45%。

18.2.3　二氧化碳排放激增对生态的影响

　　排放到大气中的 CO_2 的激增，不仅引起全球气候变暖，也对生态环境产生了直接的影响。例如，海水中的 CO_2 溶解量增多，威胁到海洋生物的生存。这从海洋中发生的珊瑚虫死亡、珊瑚礁破坏的事实（图 18-4）可以得到印证。

　　全世界的珊瑚礁面积有 60 万平方公里，约占世界海洋面积的 0.2%，但它却是海洋中肥美之地，是许多海洋生物觅食、繁衍的场所。珊瑚礁是由生活在热带和亚热带浅海中的造礁珊瑚虫生长过程中不断分泌出的碳酸钙形成的。珊瑚虫只有 1 厘米大小，珊瑚是由数以万计的珊瑚虫聚集在一起形成

图 18-4 气候变暖导致珊瑚虫死亡、珊瑚礁破坏

的。珊瑚虫分泌出来的碳酸钙，形成了珊瑚的骨骼。老一辈的珊瑚虫死去了，新一辈的珊瑚虫又在它们躯体上诞生了，经年累月后，珊瑚群体内的骨骼累积量加上其他生物（贝类、石灰藻、有孔虫等）分泌的钙质骨骼，胶结在一起便逐渐形成多孔穴的钙质礁体，构成了珊瑚礁和珊瑚岛。珊瑚礁形成的速度极慢，平均每年只增长 2 厘米左右，一座座珊瑚礁的构成不是百年、千年能完成的，最年轻的珊瑚构成也需要几千年的时间。由于珊瑚虫具有附着性，许多珊瑚礁的表面常常会附着大量的珊瑚虫。珊瑚虫借助水流摆动的触手摄食水中的浮游生物，与珊瑚共生的虫黄藻进行光合作用的同时把许多养分传给珊瑚虫。

珊瑚是非常脆弱的海洋生物，珊瑚的天敌（鹰嘴鱼、长棘海星）一昼夜可以吞掉 2 平方米的珊瑚虫。珊瑚需要充足的阳光，因为与藻礁珊瑚共生的虫黄藻，必须有充足的阳光，才能进行光合作用，虫黄藻缺乏阳光不能生

存，珊瑚得不到虫黄藻供给的营养，也会随之死亡。由于泥沙增多、过度养殖以及石油污染等因素，海水透明度降低，珊瑚就难以生存。珊瑚的生长对海水温度的要求很高，一般在 25～30℃ 之间，它才会大量繁殖。温室效应使海水温度升高，珊瑚将发生白化病而死亡。若厄尔尼若现象发生，会导致珊瑚的大量死亡。海洋中 CO_2 的溶解量增加，使海水平均 pH（8.2 左右）降低，$CaCO_3$ 的饱和线上升。这使珊瑚虫所构筑的文石形式的 $CaCO_3$ 的溶解平衡向溶解方向移动，导致珊瑚虫的死亡和珊瑚礁的破坏。

18.3 实施低碳排放的措施

　　多年以来，世界各国不断加强应对全球气候变暖问题的研究和磋商，提出实现较低的温室气体（主要是二氧化碳）排放的理念（被称为低碳——low carbon）。例如，1997 年 12 月，在日本京都召开了《联合国气候变化框架公约》第三次缔约方大会。149 个国家和地区的代表通过了旨在限制发达国家温室气体排放量以抑制全球变暖的《京都议定书》。《京都议定书》规定，到 2010 年，所有发达国家二氧化碳等 6 种温室气体的排放量，要比 1990 年减少 5.2%。2005 年 2 月 16 日，《京都议定书》正式生效，这标志着人类历史上首次以法规的形式限制温室气体排放。随后，多国就未来应对气候变化的全球行动部署了新的战略，2009 年 12 月 7 日～18 日在丹麦首都哥本哈根召开了《联合国气候变化框架公约》第 15 次缔约方会议，即《京都议定书》第 5 次缔约方会议。来自 192 个国家的谈判代表参加了峰会，商讨《京都议定书》一期承诺到期后的后续方案，即 2012 年至 2020 年的全球碳减排协议。

　　高速增长、膨胀的 GDP 由于大量排放二氧化碳等因素造成的环境污染、气候变化而"大打折扣"，这迫使人们呼唤"低碳经济"。低碳经济指以低能耗、低温室气体（主要是二氧化碳）排放、低污染为基础的经济模式。低碳经济的实质是提高能源利用效率和创建清洁能源结构。人们希望能摒弃 20 世纪的传统增长模式，直接应用新世纪的创新技术与创新机制，通过低碳经济模式与低碳生活方式，实现社会可持续发展。

　　2015 年 12 月，世界近 200 个缔约方在巴黎气候大会上，历经 13 天马拉松式的艰苦谈判后，达成了《巴黎协议》，协议目标是控制气温上升，将全

球平均温度升幅较工业化前水平控制在2℃以内，并继续努力、争取把温度升幅限定在1.5℃之内；实现温室气体排放达峰，本世纪下半叶实现温室气体净零排放。本着共同但有区别责任的原则，与会国承诺到本世纪中叶全球实现碳中和。

多年来，我国积极主动地实施这些协议，取得了令人瞩目的成果。在2000年至2013年间，我国的二氧化碳排放量比国外机构估计量少106亿吨。我国还发现了亚洲东部亚热带森林、干旱区地下咸水层吸收碳能力很大，这一碳汇库吸收碳总量高达1000亿吨。我们完全有能力减少碳排放，为应对世界气候变化作出自己的贡献。

2016年1月我国气象局透露，我国自主研制的首颗全球大气二氧化碳观测科学实验卫星（简称"碳卫星"）将于5月出厂，8月发射。该卫星始于"全球二氧化碳监测科学实验卫星与应用示范"重大项目。以二氧化碳遥感监测为切入点，研制并发射以高光谱二氧化碳探测仪、多谱段云与气溶胶探测仪为主要载荷的高空间分辨率和高光谱分辨率全球二氧化碳监测科学实验卫星，旨在为全球学者开展碳排放和气候变化研究提供有益的观测数据，为我国政府开展气候变化谈判和环境外交提供重要支撑。

18.4 遏制大气层中二氧化碳浓度升高的研究成果

世界各国的科学家为遏制大气层中二氧化碳浓度的持续升高，开展了众多的研究和科学实验。科学实验说明化学方法在捕获、封存二氧化碳气体，把二氧化碳气体转化为其他含碳物质或燃料的技术中可以发挥很好的作用。例如：

（1）研发二氧化碳（CO_2）捕获和封存技术（carbon capture and storage，简称CCS技术）。二氧化碳捕获和封存技术是将工业和有关能源产业所生产的二氧化碳分离出来，再通过碳储存手段，将其输送并封存到海底或地下与大气隔绝的地方。科学家认为，二氧化碳捕获和封存是减少二氧化碳排放，对付全球气候变暖的有力武器（图18-5）。

CCS技术由碳捕集和碳封存两个部分组成。

一是碳捕集技术，该技术目前有三种：燃烧前捕集、燃烧后捕集和富氧燃烧捕集。燃烧前捕集为先将煤炭气化成清洁气体能源，在燃烧前就把

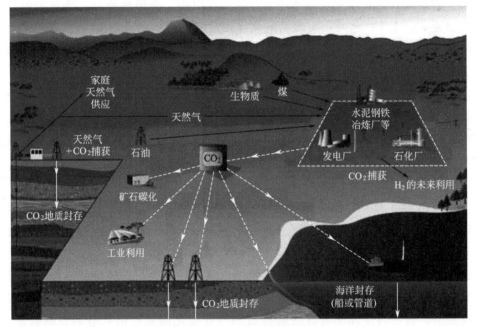

图 18-5　二氧化碳的捕获和封存

CO_2 分离出来，不进入燃烧过程。燃烧后捕集为将燃烧生成的烟气中的 CO_2 分离回收，包括化学吸收法、物理吸附法、膜分离法、化学链分离法等。富氧燃烧捕集为用纯度非常高的氧气助燃，同时在燃烧锅炉内加压，使排出的 CO_2 的浓度和压力提高，再用燃烧后捕集技术进行捕集，从而降低捕集成本。

　　二是碳封存技术，该技术也有三种：海洋封存、油气层封存和煤气层封存。潜在的封存技术方式主要是地质封存（封存在地质构造中，例如石油和天然气田、不可开采的煤田以及深盐沼池构造）、海洋封存（直接释放到海洋水体中或海底）以及将 CO_2 固化成无机碳酸盐。海洋封存的一种方法是经固定管道或移动船只将 CO_2 注入并溶解到 1000 米以下的水中，另一种方法是经由固定的管道或者安装在深度 3000 米以下海床上的沿海平台将 CO_2 沉淀到海洋深处。该处 CO_2 比水更为密集，预计将形成一个"湖"，从而延缓 CO_2 分解到周围环境中。利用现有油气田封存 CO_2，是将 CO_2 注入油气层起到驱油作用，既可以提高采收率，又实现了碳封存，兼顾了经济效益和减排效果。煤层气封存技术是指将 CO_2 注入比较深的煤层当中，置换出含有甲烷的煤层气。碳封存技术相对于碳捕集技术更加成熟。

　　从一些研发成果的报道中可以看到，CCS 技术在全球范围内的研发和

推广正在不断加速中。

英国计划在苏格兰地区建造一个使用 CCS 技术的电站，将捕获并永久封存 90％的二氧化碳排放量，并通过陆地管道和海底管道输送到北海水下 2 公里处永久封存，实现真正的低碳发电。该电站包括一座煤炭气化发电站、输送二氧化碳的陆地和海底管道，以及永久封存所捕获的二氧化碳的海底深盐水层。

科学家凯斯和他的学生发明了一项从燃煤电厂烟尘中去除二氧化碳的喷雾技术。他们使用一个内衬为聚氯乙烯的高达 4 米的圆柱体建立一个捕碳装置，需要处理的空气从装置顶端吹入，用氢氧化钠溶液对空气进行喷淋。氢氧化钠和空气中的二氧化碳反应形成碳酸钠液滴。碳酸钠再在一个加热到 900℃的炉子中与氢氧化钙作用重新转化为氢氧化钠。只是该项技术需要消耗较多的能源。

一些科学家正研究使用一种空气滤清器来捕获二氧化碳。这种空气滤清器使用一个装满氧化钙颗粒的透明管子，在 400℃下，泵入与少量蒸汽混合的空气，由下而上地穿过空气滤清器中的氧化钙颗粒，反应生成碳酸钙。关闭进气阀后，使反应器中的温度提高到 800℃，碳酸钙分解，又转化为氧化钙。分解出的二氧化碳成为一股纯气流分离出来。该装置可将空气中百万分之 385 的二氧化碳几乎全部吸收。还有一些科学家尝试设计使用离子交换技术的空气滤清器，在不需要太多能源的情况下工作。该设计的核心是使用浸渍在氢氧化钠中的离子交换树脂，在 40℃吸收二氧化碳形成碳酸氢钠。这种交换树脂潮湿时会变形，降低与二氧化碳的亲和力，因此只需要加入水，就可以促使二氧化碳与树脂脱离。在温室中种植水果和蔬菜的农场，可以利用这种装满离子交换树脂的塑料管，吸收空气中的二氧化碳。当大部分氢氧化钠树脂转换成碳酸氢钠时，再将管子插入温室中的潮湿空气中，此时二氧化碳可快速释放到温室中，使温室中的空气富营养化。该试验装置每天可产生 1 千克左右的二氧化碳，大幅降低生产成本。

我国也在这个领域进行了开发研究实验，并已有多个相关项目处在不同规划阶段。目前我国的二氧化碳捕集和封存大都采用燃烧后捕集的方式，工业上的应用研究主要在提高采油率方面。一些企业也在实验研究的基础上进行了实践。例如，2008 年 7 月我国首个燃煤电厂二氧化碳捕集示范工程——华能北京热电厂二氧化碳捕集示范工程正式建成投产，并成功捕集出纯度为 99.99％的二氧化碳。目前该厂的二氧化碳回收率高于 85％，年可回收二氧化碳 3000 吨。

（2）研究把二氧化碳高效转化为甲烷等可燃气体的技术。从世界各国的研究报道可以看到科学家们在这方面已经取得了不少成果。例如：

① 将二氧化碳高效转化为甲烷。例如，日本静冈大学等机构的研究人员在 2015 年研发出一种新技术，可以将火力发电站和工厂排放的二氧化碳转化为甲烷燃料，大大减少了碳排放。该研究小组首先在直径数毫米、长约 5 厘米的细铝管内侧涂上含有大量镍纳米粒子的多孔质材料，然后将多根细管聚拢在一起，制成直径约 2 厘米、长约 5 厘米的管道。再让二氧化碳和氢气的混合气体通过管道，同时进行加热，混合气体就在管道内部发生化学反应，在管道另一端排出生成的甲烷。这种方法中二氧化碳转化为甲烷的效率约高达 90%。使用捕获的二氧化碳和氢气制造燃料，不会导致二氧化碳净排放量上升，因为这种技术本来就是用从空气中捕获的二氧化碳作为原料的。

② 把二氧化碳转变为用于合成塑料和药物的碳资源，从而变"害"为宝。化学家设想能捕获二氧化碳并以工业化的方式把二氧化碳转化为净值最高的产品，如聚合物或者可以替代汽油的燃料、工业化学品。但是，二氧化碳分子非常稳定，要利用二氧化碳，需要消耗大量的热能，产生这些热能又会向大气中排放更多的二氧化碳。目前，在工业领域仅能用二氧化碳生产尿素和聚碳酸酯等。化学家希望创造出新的反应、新的机理来将二氧化碳作为工业原料。不少化学家和公司正在为此而奋斗。

例如，东京工业大学教授岩泽伸治等人研究发现，向与铑结合在一起的一种有机化合物中加入铝化合物，通过辅助螯合反应使芳烃基上碳氢键（C—H键）激活，变得容易断开。这样，就可以利用二氧化碳直接使碳氢键羰基化，形成新的有机化合物。这种方法开辟了利用直接羰基化反应来固定二氧化碳的应用前景。反应的生成物，能够合成塑料和药物。比如用乙烯与二氧化碳反应结合后产生的物质可合成制造树脂用的丙烯酸。这一反应，不仅有效利用了二氧化碳，还可减少石油产品的使用量。只是，反应要使用铝的化合物，成本较高。岩泽伸治希望将来无需使用铝化合物，而通过光能等来促进反应。

我国大连理工大学精细化工国家重点实验室"小分子活化与仿生催化"创新团队，也在探索化学固定二氧化碳的新方法。他们创制了高活性、高对映选择性，并具有手性优势的双核钴催化剂，实现了二氧化碳与各种内消旋环氧烷烃的不对称交替共聚合反应，获得了各种结晶性的二氧化碳共聚物，成功设计出一类新颖的结晶梯度聚碳酸酯，大大拓展了二氧化碳的使用

范围。

又如，美国科学家 Archer 和他的学生建造了一个原型反应器，可以使二氧化碳、铝和氧气结合生成草酸盐。生成的草酸盐可以用于制造除锈剂、织物染料以及其他工业化学品。该项发明利用铝和空气组成燃料电池提供能源。氧气和铝电极反应生成了高活性的过氧化铝，过氧化铝和二氧化碳反应生成草酸铝。该项发明的缺点是，产物草酸盐的需求量并不大；燃料电池消耗金属铝，而铝的制造也排放二氧化碳；该方法所设计使用的燃料电池要使用一种昂贵的离子液体电解液。Archer 希望他所发明的系统可以捕获足够多的二氧化碳以抵消生产铝所排放的二氧化碳。

在美国，有一些公司致力于研究用二氧化碳生产塑料、替代燃料和化学原料。加州伯克利一个创业公司 Opus 12 正研究一个电化学的反应，以利用新颖的催化剂和可再生的电力把二氧化碳转化为聚合物原料和其他化学品；Skyonic 公司建立了一个可以捕获水泥厂排放的废气的试验工厂，将废气中的二氧化碳转化为石灰石和酸；Solidia Technologies 公司则将二氧化碳压缩进混凝土中，加以利用。

参考文献

[1] 北京师范大学，华中师范大学，南京师范大学 无机化学教研组主编．无机化学（上、下）．第 4 版．北京：高等教育出版社，2004.

[2] 刘新锦，朱亚先，高肥．无机元素化学．第二版．北京：科学出版社，2010.

[3] 沈光球，陶家洵，徐功骅．现代化学基础．北京：清华大学出版社，2002.

[4] 张祖德．无机化学．修订版．合肥：中国科学技术大学出版社，2008.

[5] 何培之等．普通化学．北京：科学出版社，2001.

[6] 周公度，段连运．结构化学基础．第 3 版．北京：北京大学出版社，2002.

[7] 吴庆余．基础生命科学．北京：高等教育出版社，2002.

[8] 范康年．波谱学导论．北京：高等教育出版社，2001.

[9] 罗惠萍，王逸兴，林泽琛．有机化学四谱基础．杭州：浙江大学出版社，1988.

[10] 得伟，李艳利．生物化学与分子生物学．北京：科学出版社，2001.

[11] ［美］Lucy Pryde Eubanks 等．化学与社会（美国原著 第五版）段连运等译．北京：化学工业出版社，2008.

[12] 沈允钢．地球上最重要的化学反应——光合作用．北京：清华大学出版社，暨南大学出版社，2000.

[13] 陈荣悌．化学污染——破坏环境的元凶．北京：清华大学出版社，暨南大学出版社，2003.

[14] 朱清时．生物质洁净能源．北京：化学工业出版社，2002.

[15] 刘旦初．化学与人类．上海：复旦大学出版社，1998.

[16] 张胜义．化学与社会发展．合肥：安徽科学技术出版社，2001.

[17] 唐玄馨，韩志如．化学与人类文明．上海：上海科学技术出版社，2001.

[18] 衣宝廉．燃料电池．北京：化学工业出版社，2002.

[19] 薛建平．食物营养与健康．合肥：中国科学技术大学出版社，2002.

[20] 王凯雄．水化学．北京：化学工业出版社，环境科学与工程出版中心，2001.

[21] 赵林．营养基础知识．北京：中国劳动社会保障出版社，2003.

[22] 陈敏章，蒋朱明．临床水与电解质平衡．北京：人民卫生出版社，2000.

[23] 朱孔锡，孟繁立，张燕．饮酒与健康．济南：山东科学技术出版社，2007.

[24] ［美］阿德勒·戴维斯．吃的营养与保健．王明华等译．北京：中央编译出版社，2001.

[25] ［美］大卫·E. 牛顿．太空化学．王潇等译．上海：上海科学技术文献出版社，2011.

[26] ［美］大卫·E. 牛顿．环境化学．陈松译．上海：上海科学技术文献出版社，2011.

[27] ［美］大卫·E. 牛顿．新材料化学．吴娜等译．上海：上海科学技术文献出版社，2011.

[28] ［美］大卫·E. 牛顿．法医化学．杨延涛译．上海：上海科学技术文献出版社，2011.

[29] ［日］泽田和弘．万能材料．董伟，谭毅译．——塑料中的秘密．北京：科学出版社，2014.

[30] http://hn.people.com.cn/n/2014/0903/c356343-22199073.html.

［31］ http：//www. chinabaike. com/t/30447/2014/0421/2106416. html.

［32］ http：//www. chem. ccu. edu. tw/～hu/elements/.

［33］ http：//baike. baidu. com/link? url＝n8J4w5T9AbtIVboxaDuaAO4ml57xz0nTrrQUE
dlen2kZn3Wz6v5SFqK0-kWRceWVdbUXv9ZhTOQV0NdUs2Q3gs0n91PL8cKJvUkx
3vnOZgJyEwB＿XCDVMXqOAunEf7Bij＿dzAhNyeSToEgj＿v25LQ＿.